OCTAVE SACHOT

CURIOSITÉS
ZOOLOGIQUES & BOTANIQUES

DEUXIÈME ÉDITION, REVUE ET AUGMENTÉE

PARIS

P. DUCROCQ, LIBRAIRE-ÉDITEUR

55, RUE DE SEINE, 55

1878

CURIOSITÉS

ZOOLOGIQUES & BOTANIQUES

DU MÊME AUTEUR

A LA MÊME LIBRAIRIE

La Sibérie orientale, l'Amérique russe et les Régions polaires. 1 vol. grand in-8º, orné de 62 gravures et d'une carte.

Les grandes cités de l'ouest américain. 1 vol. in-12, format anglais, orné de gravures. 2º édition.

Aventures, types et croquis. 1 vol. in-12, format anglais, orné de gravures.

620. — Abbeville. — Typ. et stér. Gustave Retaux.

L'Hippopotame (P. 23).

AVANT-PROPOS

DE LA PREMIÈRE ÉDITION.

Les différents chapitres qui constituent le présent volume ont paru primitivement en articles détachés dans la *Revue Britannique*, pour laquelle nous les avions ou analysés ou librement traduits de publications périodiques anglaises en possession, de longue date, d'une notoriété méritée.

Certains remaniements toutefois nous ont paru nécessaires pour relier les divers parties entre elles et donner à l'ensemble du travail le caractère d'unité relative que comportait notre plan.

Notre rôle est dépourvu de toute prétention ;

le mérite de ce livre, si le lecteur lui en trouve, appartiendra avant tout aux écrits originaux que nous avons mis à contribution. Les sources où nous avons puisé ont été dès l'abord scrupuleusement indiquées par nous dans la Revue : quant aux auteurs, les nommer ne nous a pas toujours été possible ; on sait, en effet, que les périodiques anglais taisent, en général, le nom de leurs collaborateurs, si éminents d'ailleurs qu'ils soient.

O. S.

CURIOSITÉS ZOOLOGIQUES ET BOTANIQUES

I

LE PHÉNIX, L'ÉLÉPHANT, LE RHINOCÉROS, L'HIPPOPOTAME.

Des quatre parties de l'ancien monde, l'Afrique est, par excellence, le pays des merveilles. Prenez une histoire vraie des voyages et découvertes par terre et par mer, jusqu'aux dernières explorations de Cameron, de Stanley, de Largeau, ou les *Mille et une Nuits* des conteurs arabes, est-il une contrée comme l'Afrique? Ouvrez un volume d'histoire naturelle, le plus vieux si c'est possible, vous verrez les merveilles de l'Afrique éclipser toutes les autres. N'est-elle pas la patrie du phénix, qui ne se montrait aux citoyens d'Héliopolis qu'une fois tous les cinq cents ans, à la mort de son père? Ce roi solitaire des airs, grand comme l'aigle, aux ailes de mille couleurs, reflétant surtout l'or et la pourpre, rapportait de l'Arabie les restes révérés de l'auteur de ses jours, pour les déposer pieusement dans le tombeau de ses ancêtres, au temple du Soleil.

Voulez-vous savoir comment s'y prenait le phénix pour transporter par les airs son précieux fardeau ? Hérodote vous dira qu'il commençait par fabriquer un gros œuf tout en myrrhe, assez léger cependant pour qu'il pût le porter ; creusant ensuite cet œuf artificiel, il y renfermait le corps de son père, puis il remplissait de myrrhe les parties de l'œuf restées vides (ce qui ne changeait rien aux poids primitif), après quoi il venait achever en Égypte la cérémonie funèbre.

Si vous voulez être édifié sur la mort du phénix, lisez les « *Portraits d'oyseaux, animaux, serpents herbes, arbres, hommes et femmes d'Arabie et d'Egypte,* » par Belon, du Mans. Vous y verrez le phénix, « selon que le vulgaire a coustume de le portraire, » sur son bûcher funéraire affrontant de son regard le brûlant éclat du soleil, le tout illustré de ce poétique quatrain :

O du phénix la divine excellence !
Ayant vescu seul sept cent soixante ans,
Il meurt dessus des ramées d'encens,
Et de sa cendre un autre prend naissance.

Espérons pour le fils, que cette dernière version est la vraie; car transporter d'Arabie en Égypte des *cendres* renfermées dans de la myrrhe, est tout autre chose que d'exécuter ce voyage en portant le corps de son père.

D'autres prétendent que le phénix ne mourait jamais : seulement, quand l'outrage des ans se faisait trop sentir et que l'oiseau ne trouvait plus sa personne aussi agréable qu'aux beaux jours de sa jeunesse, il ramassait les bois de senteur les plus exquis de l'Arabie Heureuse et attendait patiemment que le feu du ciel, en venant allumer son bûcher parfumé, consumât ses vieilles dépouilles et lui rendît ses jeunes années.

Mais quels étaient, me direz-vous, les droits du phénix à une immortalité si agréable?

— Jamais le phénix n'avait becqueté le fruit défendu.

Écoutez cette autre merveille. Il est en Arabie, près de la ville de Buto, un endroit qu'on disait peuplé de serpents ailés. Hérodote y vit des monceaux énormes d'os de serpents ; il y en avait de toutes les tailles. Ce lieu est aujourd'hui un étroit passage entre deux montagnes s'ouvrant sur une vaste plaine qui touche à l'Égypte. On raconte, dit l'historien d'Halicarnasse, qu'au commencement du printemps, des serpents ailés s'envolent de l'Arabie vers l'Égypte, mais que les ibis les attendent au passage, les combattent et les tuent. C'est pour ce service éminent que les ibis sont en si grande vénération chez les Égyptiens.

Le « serpent ailé » qui s'enfuit vers le mont Sinaï, décrit par Belon, faisait partie, sans doute, de cette horrible armée d'invasion.

Quand on jette un coup d'œil sur la carte et qu'on voit l'immense étendue de territoire africain encore inconnu, même dans ce siècle d'explorations géographiques de tout genre, comment s'étonner que le roman se soit emparé de ces régions vastes et ignorées? La plupart des animaux que nous y connaissons sont de formes et de mœurs extraordinaires, témoins le gorille, cette nouvelle espèce de singe anthropoïde, plus affreux que tous les êtres fantastiques dus au crayon de Téniers ou de Callot. Examinez les proportions de la girafe avec sa langue flexible et sa singulière démarche, avançant à la fois ses deux jambes d'un même côté, de sorte que le pied de devant et celui de derrière quittent le sol en même temps. Mais ne multiplions pas des exemples qui viendront d'eux-mêmes à l'esprit de nos lecteurs.

Il n'y a pas longtemps que les girafes sont devenues communes dans l'Europe moderne. Aujourd'hui, les principaux jardins zoologiques en possèdent tous. Dans quelques-uns elles ont multiplié régulièrement et avec succès; presque tous les petits ont vécu et profité. Trois autres grands animaux d'Afrique sont aussi devenus les hôtes habituels de ces sortes d'établissements : l'éléphant d'Afrique, l'hippopotame et le rhinocéros africain.

On conserve dans la précieuse collection zoologique du Musée Britannique trois espèces de rhinocéros d'Afrique : le rhinocéros *bicornis*, — le rhinocéros *keitloa* — et le rhinocéros *simus*. Quant au rhinocéros d'Asie (*rhinoceros indicus*), c'était une vieille connaissance pour les Londiniens ; le jardin de Regent's-Park, en a hébergé un, durant cinquante ans, qui y jouissait d'une santé robuste. Une pneumonie gagnée dans les brouillards et l'atmosphère humide de ce sol argileux et malsain, qui enlève tant d'animaux à la collection, l'a ravi, il y a plusieurs années, à l'admiration des bonnes et des enfants. On découvrit à l'autopsie que l'animal s'était cassé une côte, sans doute en se jetant pesamment par terre pour se reposer, selon son étrange habitude. Il est probable que cette fracture lésa les poumons et que l'ankylose qui s'ensuivit, produisant une compression, accéléra les progrès de la maladie.

Pauvre rhinocéros ! il était au fond stupidement bon, il se laissait tirer par le nez ou par la corne, arme que, soit dit en passant, il tenait toujours abaissée et ne relevait jamais. On lui chatouillait les paupières, on fourrait les mains dans les plis de son épaisse cuirasse, où la peau était « aussi douce que celle d'une personne naturelle, » au dire des honnêtes badauds qui, à chaque instant, en faisaient l'expérience. Il vivait en bonne intelligence et tendre amitié avec le pauvre vieux Jack, l'éléphant des Indes, mort aussi maintenant, quoi qu'on ait dit de la violente antipathie qui divise ces deux puissants quadrupèdes. L'éléphant avait l'habitude amicale de frictionner le rhinocéros avec sa trompe et de lui donner de temps en temps quelques tapes avec sa queue sur les oreilles. Le rhinocéros alors faisait une grotesque cabriole, tournait en rond et serrait la trompe de l'éléphant entre ses lèvres énormes et flexibles. Il prenait un grand plaisir à aller dans le grand bassin qui lui servait de baignoire ainsi qu'à l'éléphant. On les lâchait alternativement dans l'enclos à ce destiné, et il y avait répétition de gambades à travers le grillage de fer quand l'éléphant s'avançait dans le grand enclos et que le rhinocéros était dans la petite cour qui précédait son logement.

Dans les premiers temps que le rhinocéros allait à l'eau, on remarquait une différence notable entre son encroûtée stupidité et la sagacité de l'éléphant. Le fond du bassin, qui est entouré d'un parapet élevé, baisse graduellement à partir de l'entrée jusqu'à l'extrémité opposée, où il est assez profond pour permettre à un éléphant de grande taille et de massives proportions, comme était le pauvre Jack, de submerger la totalité de son corps gigantesque. Rien n'était plus plaisant que de voir Jack goûter l'agréable fraîcheur d'une submersion complète, tantôt plongeant tout à fait sous l'eau sa tête immense, tantôt la relevant à la surface pour la replonger encore. Le rhinocéros entrait assez bien par la pente inclinée, et quand il perdait pied, il se mettait à nager tranquillement vers l'autre rive. Une fois là, cependant, il semblait avoir perdu l'idée d'un retour possible ; il plongeait et s'épuisait en vains efforts pour franchir le haut parapet à l'endroit le plus profond de l'eau. C'était un moment d'angoisse pour les témoins de cette lutte violente et inutile, car il y avait à craindre que le rhinocéros ne se noyât de lassitude et d'épuisement. A la fin, presque exténué par ses inutiles efforts, on le faisait retourner moitié de gré, moitié de force, et dès que sa tête se trouvait du côté de l'entrée du bassin, il y nageait jusqu'à ce qu'il trouvât pied et finissait par en sortir.

La puissance de ses muscles était prodigieuse. Les grilles de l'enclos étaient renforcées de distance en distance par de grands arcs-boutants de fer; il fourrait parfois sa tête énorme entre l'arc-boutant et la grille, et donnait de droite et de gauche de si violentes secousses qu'il venait à bout de jeter tout à bas. Il sortit un jour ainsi de l'enclos, et sans causer d'autre dommage, il termina sa promenade par quelques pas chorégraphiques dans une plate-bande de géraniums écarlates. On peut se figurer l'état du parterre après cette petite expédition. Il fut pris alors et ramené dans ses appartements.

Il y avait en lui un certain air de tortue qui frappait tout d'abord. La bizarre conformation de sa lèvre supérieure, l'espèce de carapace que formait son cuir épais, ses jambes, ses pieds massifs, tout contribuait à faire naître, en le voyant, l'idée d'une énorme bête à sang chaud créée sur le modèle d'une autre bête à sang froid du genre tortue. Modèle perfectionné toutefois ; car il était vif dans son allure, et lorsqu'on l'excitait, son élan était terrible. Le bruit du cylindre, quand les jardiniers roulaient les allées sablées bordant l'endroit où on le laissait se promener en liberté, avait sur lui un effet terrifiant qui l'excitait au plus haut point. Parfaitement calme au bout de l'enclos, dès qu'il entendait le bruit du cylindre en mouvement, il tournait, tournait, et courait sus tête baissée jusqu'à ce qu'il se trouvât arrêté par les forts barreaux de fer de l'enceinte, et les jardiniers, à la vue de ce paroxysme de rage, ne songeaient plus qu'à prendre la fuite.

Revenons maintenant aux deux autres pachydermes d'Afrique dont nous avons parlé plus haut, et jetons un regard rapide sur leurs mœurs et leur histoire.

Commençons par l'éléphant d'Afrique, — *elephas africanus*. Quoi qu'aient dit certains voyageurs de la stature énorme de cette espèce, l'opinion la plus générale est que l'éléphant d'Afrique est plus petit que celui d'Asie ; ils diffèrent surtout entre eux par la tête, les oreilles et les ongles. Le premier a la tête ronde et le front convexe au lieu d'être concave : ses oreilles sont infiniment plus longues que chez l'espèce asiatique, et à chaque pied de derrière l'éléphant d'Afrique n'a que trois ongles, tandis que l'autre en a quatre.

Voici les dimensions que donne le major Denham d'un éléphant de vingt-cinq ans seulement, tué près de Bru à une quinzaine de kilomètres de Kouka :

	mètres.	centimètres.
Longueur de la trompe à la queue .	7	75
Trompe.	2	28
Petites dents	0	85
Pied, en longueur	0	47
OEil	0	05 sur 37 mil.
Du pied à la hanche.	2	89
De la hanche au dos.	0	91
Oreille . . . . . . , ...	0	65 sur 75 cent.

Mais le major dit avoir vu des éléphants vivants beaucoup plus grands que celui-là. Il ajoute qu'il aurait volontiers garanti la hauteur de quelques-uns à 4 mètres 90 centimètres, avec des défenses de près de 2 mètres de long. Cependant il reconnaît que l'éléphant dont nous venons de donner les proportions, le premier qu'il eût vu mort, surpassait de beacoup la taille ordinaire.

On abattit ce malheureux animal en lui coupant le jarret. Il avait préalablement reçu un grand nombre de blessures dans le ventre et à la trompe. Dans le cours de la chasse, cinq balles l'avaient frappé dans le flanc ; mais elles n'avaient pénétré que de quelques centimètres dans la chair et ne paraissaient pas l'incommoder beaucoup.

Tout le jour suivant, le chemin conduisant à l'endroit où gisait son cadavre ressemblait à une foire, par le nombre de gens qui s'y pressaient pour emporter un morceau de l'animal. La chair en est fort appréciée, au dire du major Denham, même par les premiers du pays et les familiers du cheik, qui la mangent en secret. « Elle semble dure, ajoute-t-il, mais elle a plus de saveur qu'aucun bœuf du pays. En pareille occasion des familles entières se mettent en route pour avoir part au butin. »

« Voici, dit le major Denham, comment on chasse l'éléphant : dix à vingt cavaliers choisissent dans une troupe un de ces monstrueux animaux, et, le séparant du reste en l'effrayant par leurs cris, ils le forcent à fuir de toute sa vitesse. En le poursuivant, ils tâchent de lui enfoncer un trait sous la queue ; cette blessure rend l'éléphant furieux. Alors un cavalier se détache et court en avant de l'animal qui s'acharne après lui, sans s'occuper de ceux qui le pressent par derrière et malgré les coups qu'il en reçoit. Il n'abandonne presque jamais le premier objet de sa colère. A la fin, criblé de coups, exténué de fatigue, épuisé par le sang dont il arrose la terre, il finit par rendre le dernier soupir sous le couteau du chasseur le plus téméraire de la bande, qui le frappe à l'endroit vulnérable de son corps, près de l'abdomen. A cet effet, l'homme se glisse entre les jambes de derrière de l'animal, s'exposant ainsi aux plus grands dangers. Quand on ne peut pas employer ce moyen, un ou deux chasseurs lui coupent le jarret pendant que les autres l'attaquent de front, et ce géant des quadrupèdes devient la proie facile de ses persécuteurs. »

Dans une de ses chasses à Kouka, le major Denham était à tirer des oiseaux, quand un des gens du cheik vint à toute bride l'informer que trois énormes éléphants passaient près de la rivière. Arrivé à quelques centaines de pas d'eux avec ses compagnons, le major fit faire halte à toutes les personnes à pied et à son domestique monté sur une mule ; puis, suivi de trois autres chasseurs, il piqua des deux vers les monstrueux animaux.

Les gens du cheik se mirent à pousser de grands cris, et bien que, de prime abord, les colosses eussent paru envisager la cavalcade d'un œil de profond mépris, cependant, après quelques instants, dressant leurs larges oreilles qu'ils avaient jusque-là laissé pendre, ils partirent en poussant une espèce de rugissement qui fit trembler la terre sous les pas des cavaliers.

« L'un d'eux était immense, dit le major, il avait bien seize pieds de haut (4ᵐ, 80ᶜ) ; les deux autres étaient des femelles. Elles s'en allèrent assez tranquillement, tandis que le mâle restait à l'arrière-garde comme pour protéger leur retraite. Nous l'entourâmes rapidement. Maramy (l'un des guides du cheik), lui décocha un javelot qui l'atteignit juste sous la queue et parut lui faire à peu près autant de mal que quand nous nous piquons le doigt avec une épingle. L'effrayante bête releva sa trompe, et, l'agitant avec un grognement terrible, elle nous jeta une telle quantité de sable, que, ne m'attendant pas à pareil événement, j'en fus presque aveuglé. L'éléphant attaque rarement, si tant est qu'il attaque jamais, et il n'est dangereux que lorsqu'il est irrité. Parfois, cependant, il se jette sur l'homme et le cheval, et, après les avoir couverts de poussière, il les met en pièces en un clin d'œil. »

Séparé de ses compagnons, l'éléphant se dirigea vers l'endroit où étaient restés la mule et les hommes à pied. Tous prirent aussitôt la fuite, et l'homme qui montait la mule, stupide bête qui n'en marchait pas plus vite, eut une telle frayeur qu'il en fut malade tout le jour. Le major et les autres cavaliers serraient l'éléphant de très près, par devant, par derrière, de chaque côté, et quelquefois, quand l'énorme animal tournait la tête, son regard furieux avait le don de paralyser instantanément l'élan rapide du cheval du major. Son pas, qui ne fut jamais qu'une course assez pesante, suffisait néanmoins pour tenir les chevaux au galop. Le major Denham lui envoya deux balles. La seconde, qui l'atteignit à l'oreille, parut seule lui causer un moment de douleur. La première, qui l'avait touché au corps, ne lui fit pas la moindre impression. Après lui avoir lancé un second javelot qui glissa inoffensif sur son épaisse cuirasse, on le laissa poursuivre son chemin.

Bientôt après, on vint annoncer aux chasseurs que huit éléphants se dirigeaient de leur côté et n'étaient plus qu'à une faible distance. Tout le monde alors monta en selle pour les attaquer ; mais ceux-ci ne paraissaient pas disposés à quitter la place, ils ne tournèrent même les talons que quand les cavaliers furent tout à fait sur eux et après avoir reçu plusieurs flèches. La lueur de l'amorce des fusils semblait leur faire plus peur que tout autre chose ; cependant ils battirent en retraite très-majestueusement, après avoir, comme le premier, jeté une grande quantité de sable à leurs agresseurs. Ils avaient sur le dos un grand nombre de ces oiseaux appelés *tuda* (espèce de *buphaga*), semblables à la grive, qui leur sont, dit-on, fort utiles, en détruisant les insectes sur les parties de leurs corps qu'ils ne peuvent at—teindre eux—mêmes.

Dans son excursion à Munga et au Gambarou, le major Denham et ses compagnons arrivèrent juste avant le coucher du soleil, sur une troupe de quatorze ou quinze éléphants que les nègres firent gambader comme des monstres infernaux en frappant avec un bâton sur un bassin de cuivre. Dans le voisinage de Bornou, ces animaux étaient si nombreux, qu'on les rencontrait près du lac Tchad, en troupeaux de cinquante à quatre cents.

On regarde l'éléphant d'Afrique comme plus féroce que celui d'Asie ; c'est ce qui fait, probablement, qu'il n'est pas encore apprivoisé. Cependant les Carthaginois, on le sait, s'en servaient à la guerre, et il n'y a pas à douter que les éléphants dont César et Pompée gratifiaient l'amphithéâtre, ne vinssent d'Afrique.

Les défenses de cette espèce d'éléphants sont de grande dimension et fournissent au commerce un article lucratif. L'ivoire est aussi estimé des modernes qu'il l'était des anciens pour les meubles, les ornements, et surtout pour ces statues dites *chryséléphantines*, du genre de celles de la Minerve du Parthénon et du Jupiter olympien de Phidias.

Si l'on examine les oreilles de l'éléphant d'Afrique, on reconnaît que cette espèce paraît avoir été celle que choisit Belial pour se présenter à Faust; c'est du moins ce que nous apprend « l'Histoire prodigieuse et lamentable de Jean Fauste, grand magicien, avec son testament et sa vie épouvantable (1). »

« Le gouverneur et principal maître du docteur Fauste vint vers ledit docteur Fauste, et le voulut visiter. Le docteur Fauste n'eut pas un petit de peur, pour la frayeur qu'il lui fit; car en la saison, qui étoit de l'été, il vint un air si froid du diable, que le docteur Fauste pensa être tout gelé.

« Le diable, qui s'appelait *Bélial*, dit au docteur Fauste : Depuis le septentrion où vous demeurez, j'ai vu ta pensée, et est telle, que volontiers tu pourrois voir quelqu'un des esprits infernaux, qui sont princes; pourtant j'ai voulu m'apparoître à toi, avec nos principaux conseillers et serviteurs,

1. A. Cologne, chez les héritiers de Pierre Marteau.

à ce que vous aussi aïez ton désir accompli d'une telle valeur. Le docteur Fauste répond : or sus, où sont-ils ?

« Or, Bélial étoit apparu au docteur Fauste en la forme d'un éléphant, marqueté et aïant l'épine du dos noire, seulement ses oreilles lui pendoient en bas, et ses yeux, tout remplis de feu, avec de grandes dents blanches comme neige, une longue trompe, qui avoit trois aunes de longueur démesurée, et avoit au col trois serpents volants.

« Ainsi vindrent au docteur Fauste les esprits, l'un après l'autre dans son poisle : car ils n'eussent peu être tous à la fois.

« Or, Bélial les montra au docteur Fauste l'un après l'autre, comment ils étoient et comment ils s'appeloient. Ils vinrent devant lui les sept esprits principaux, à sçavoir : le premier, *Lucifer*..... »

Mais laissons là le terrain des apparitions pour les réalités de la nature, et présentons à nos lecteurs l'autre pachiderme que nous avons nommé plus haut, l'hippopotame, le « cheval de rivière » (ιπποποταμος) des Grecs.

Avec son corps massif, étayé sur quatre jambes

grosses et courtes, l'hippopotame ressemble à une outre à vin des festins de Polyphème.

La question de savoir s'il n'existe aujourd'hui qu'une seule espèce d'hippopotame est controversée, bien qu'on en connaisse plusieurs espèces fossiles.

M. Desmoulins en compte deux,—*l'hippopotamus capensis* et *l'hippopotamus senegalensis*. Il appuie, dit-il, son opinion, sur des différences ostéologiques aussi tranchées que celles sur lesquelles s'appuya Cuvier pour séparer le grand hippopotame fossile de l'espèce nouvelle qui existe au Cap. M. Desmoulins va plus loin : non-seulement il n'est pas impossible, selon lui, que l'hippopotame du Nil diffère des deux espèces susmentionnées, mais encore il prétend qu'il pourrait bien y en avoir deux espèces dans ce fleuve. Or, M. Caillaud rencontra dans le Nil supérieur, parmi une quarantaine d'hippopotames à peau rougeâtre, deux ou trois hippopotames d'un bleu sombre, et ce paraît être là le fondement de cette opinion de M. Desmoulins.

Mais quand il s'agit d'espèces, la couleur est parfois un guide trompeur, et, sans parler des différences qu'y apportent le sexe et l'âge, plus d'un observateur a remarqué du changement chez le même individu, selon que la peau est sèche ou humide. Ainsi, un jour que Levaillant examinait du haut d'un roc surplombant la rivière, un hippopotame qui se promenait au fond de l'eau, l'animal, dont la peau est grise quand elle est sèche et bleuâtre quand elle est mouillée, lui parut cette fois d'un bleu foncé, à cause de la profondeur du lit. Une fois sa curiosité satisfaite, le voyageur français saisit le moment où le monstre vint respirer à la surface, pour lui envoyer une balle qui le tua raide, à la grande joie des Hottentots.

Le système osseux de l'hippopotame se rapproche de celui du bœuf et du cochon. L'analogie est surtout sensible dans l'agencement des os du crâne et la configuration de ses sutures ; mais il porte en même temps un caractère particulier.

Les dents sont très-remarquables et varient, principalement les molaires, quant à la forme, au nombre et à la position, selon l'âge de l'animal. Les longues incisives recourbées de la mâchoire inférieure avec ses énormes canines, redoutables défenses dont l'extrémité affilée ressemble à un ciseau, donnent à sa gueule ouverte un aspect effroyable. Ce formidable appareil lui est une meule puissante pour broyer et triturer les plantes dures et coriaces dont il se nourrit, avant qu'elles arrivent à l'estomac. Cet organe, chez un individu parvenu à sa complète croissance, peut aisément contenir 180 à 220 litres, et le tube intestinal n'a pas moins de vingt centimètres de diamètre. On a extrait de l'estomac et des intestins d'un jeune hippopotame près de cent dix litres d'herbages à moitié mâchés. Cette effroyable mâchoire sert à l'animal d'arme offensive et défensive contre le crocodile, quand ce dernier l'approche de trop près et se permet des privautés.

On dit que, lorsqu'il est irrité ou que des blessures l'ont rendu furieux, l'hippopotame peut, à l'aide de ses dents, faire couler une embarcation. Nous n'en voulons pas répondre ; cela dépend d'ailleurs de la dimension de l'esquif. Nous n'ajouterons pas non plus une foi aveugle à l'austérité de son régime, qui, prétend-on, ne comporterait jamais de nourriture animale ; mais, sans croire absolument à l'histoire lamentable qu'Alexandre écrivait à Ariste, à savoir, que ses troupes légères avaient été dévorées par les hippopotames en traversant une rivière à la nage, nous tenons cependant pour certain que si quelque malheureux se trouvait rsu la route du monstre quand il est affamé, son corps pourrait bien servir d'assaisonnement à un repas dont un ou deux crocodiles jeunes et tendres composeraient le menu. La chair du crocodile, prétendent certains voyageurs, est extrêmement

belle ; elle a la couleur, la consistance et le goût
du meilleur veau, et la graisse en est ferme et verte, semblable à de la chair de tortue. On en a dit
autant de la chair de l'alligator. Il est probable toutefois que, dans les deux cas, il s'agit des jeunes, car
les vieux exhalent une très-forte odeur de musc.

Quand l'hippopotame n'est pas excité, ses
formidables dents sont cachées sous des lèvres
immenses. Son corps est enveloppé d'une couche
de graisse que recouvre un cuir épais, dur et
luisant, sur lequel nous reviendrons.

Le plus grand des deux hippopotames mesurés
par Zerenghi avait cinq mètres huit centimètres
de long, quatre mètres cinquante centimètres de tour,
et deux mètres de haut. L'ouverture de sa gueule
était large de soixante centimètres, et ses défenses
longues de plus de trente centimètres au-dessus de
la gencive.

Le temps de la gestation est le même que pour
l'espèce humaine : on le dit, du moins, et cela est
probable. C'est à terre que la femelle met bas, et,
à la moindre alarme, elle et son petit se jettent à
l'eau. Aussi, est-il extrêmement difficile de s'emparer du petit. Un témoin oculaire affirme avoir
guetté, jusqu'à ce qu'elle eût mis bas, une femelle
venue d'une rivière voisine. Dès que le petit fut né,

l'un des voyageurs de l'expédition ajusta la pauvre mère et la tua. Les Hottentots sortirent alors de leur cachette et se précipitèrent pour prendre le nouveau-né ; mais l'instinct de la pauvre créature l'emporta sur leur raison : il gagna la rive, et, se jetant dans l'onde hospitalière, il échappa à ses ravisseurs.

Un autre petit hippopotame, surpris par Sparrman et sa suite, n'eut pas le même bonheur. Le 28 janvier 1766, après le soleil levé, au moment où le voyageur et ses Hottentots allaient quitter leurs postes pour retourner à leurs fourgons, un hippopotame femelle vint avec son petit des bords de quelque autre rivière, pour prendre ses quartiers dans celle que Sparrman bloquait alors. Au moment où, sur une rive assez escarpée, la mère attendait et regardait venir son petit, qui boitait, et, par conséquent ne pouvait marcher vite, un Hottentot fit feu sur elle sans l'atteindre : aussitôt elle plongea dans la rivière. Un autre Hottentot s'empara du petit et le retint par les jambes de derrière jusqu'à ce que ses compagnons arrivassent à son aide. Il fut bientôt lié et porté en triomphe aux fourgons, malgré ses cris qui ressemblaient assez à ceux d'un pourceau qu'on va tuer, mais beaucoup plus aigus. Il faisait de violents efforts, et l'on n'en pouvait venir à bout.

Bien que les Hottentots prétendissent qu'il n'avait pas plus de quinze jours ou trois semaines, il avait plus d'un mètre de long et soixante centimètres de haut. Quand il fut délié, il cessa de crier, et quand, pour l'habituer à eux, les Hottentots lui eurent plusieurs fois passé les mains sur le nez, la pauvre bête commença à se faire à leurs personnes. Sparrman le dessina ; après quoi le malheureux orphelin fut tué, disséqué et mangé en moins de trois heures, Sparrman lui trouva quatre estomacs presque vides. Le canal intestinal avait trente-trois mètres de long !

Et cependant c'était un *enfant*. Qu'on juge ce qu'eût été un animal dans toute sa grosseur !

De tous temps, les laboureurs dont les champs avoisinent une rivière fréquentée des hippopotames, se sont plaints amèrement des dégâts et des pertes que leur causent ces ogres monstrueux. L'antiquité les a regardés comme la personnification de Typhon, le symbole de la destruction, et les a adorés, comme quelques peuples adorent le diable, à cause de la peur qu'ils en ont. De nos jours, colons et indigènes leur font une guerre acharnée. Les piéges, les embûches, les carabines les suivent partout où ils se montrent, sans parler de ce vieux moyen de chasse, tant soit peu apocryphes et coûteux, qui consiste à laisser sur leur route des tas de pois secs que dévorent ces énormes gloutons, et qui, se renflant dans leur corps avec l'eau qu'ils ont bue, finissent par les faire crever. Cependant l'animal parfois prend sa revanche, et Sparrman, par exemple, eut une belle peur un jour qu'un hippopotame fondit comme la flèche sur lui et ses compagnons, en poussant d'horribles cris.

La voix de l'hippopotame est quelque chose qui tient du hennissement et du grognement, Sparrman essaie d'en donner l'idée par ces mots : *heurh, hurh, héoh, héoh.* Les deux premiers sons sont rauques, mais élevés et chevrotants, semblables au grognement des autres animaux, tandis que le dernier *héoh-héoh*, est extrêmement bref et se rapproche du hennissement. D'autres prétendent que son cri ressemble plutôt au mugissement du buffle qu'au hennissement du cheval, au moins celui qu'il pousse en mourant. Il en est qui l'appellent ronflement, d'autres hennissement, d'autres encore grognement, et on l'a comparé au sourd craquement d'une lourde porte qui roule sur ses gonds. Chacun d'ailleurs est aujourd'hui à même à Paris d'apprécier la voix de l'énorme brute par une visite au Jardin des Plantes aux heures des repas de sa seigneurie aquatique.

Rien de tout ceci, assurément, ne donne l'idée de quelque chose de bien mélodieux ; on ne saurait nier cependant que cette hideuse masse de chair ne renferme en elle des instincts musicaux.

Le major Denham rapporte que, pendant son excursion à Munga et au Gambarou, il campa avec ses compagnons sur le bord d'un lac fréquenté par les hippopotames, dans l'intention d'en abattre quelques-uns. Un violent orage fit manquer la partie ; mais le lendemain matin les chasseurs purent se convaincre que ces lourdes bêtes, non-seulement ne sont pas insensibles à la musique, mais encore qu'elles la recherchent autant que le font, dit-on, les phoques, bien, du reste, que l'instrument qui rend les sons ne possède pas une douceur ni une mélodie remarquables. Quand le major et sa suite passèrent, au lever du soleil, sur les bords du lac Muggaby, les hippopotames suivirent les tambours des différents chefs tout le long du lac, approchant parfois si près de la rive que l'eau qu'ils rejetaient de leur bouche atteignait les personnes qui passaient sur le bord . Le voyageur en compta quinze se présentant à la fois à la surface. Colombus, son domestique, en tira un et le frappa à la tête. L'animal poussa un mugissement tel en se replongeant dans le lac, que tous les autres disparurent à l'instant.

Mais quelque partagées que soient les opinions sur le mugissement ou le hennissement de cet amphibie, sa chair, appétissante et savoureuse, lui a mérité de tous les voyageurs le surnom plus gastronomique de *bœuf marin*. Salée et séchée, la couche de graisse qui se trouve immédiatement sous la peau est fort estimée par les gourmets du Cap.

Quant aux dents, on sait le parti que tirent des canines les artistes en râteliers humains. Les anciens se servaient également de cet ivoire, et Pausanias rapporte que la face de la Cybèle était faite en ivoire d'hippopotame.

La peau dure et épaisse de l'animal servait aux anciens à fabriquer des casques et des boucliers. De nos jours, on en fait des espèces de cravaches ou fouets qui, dans le pays, sont, comme le knout des Russes, de terribles instruments de supplice. Le major Denham fut témoin d'une exécution de ce genre dont les hideux détails répugnent à notre plume.

Les descriptions antiques nous représentent l'hippopotame sous des formes diverses, tantôt avec une crinière de cheval et des sabots de bœuf, tantôt avec la queue de ce dernier animal. Il est assez singulier que, depuis Hérodote et Aristote jusqu'à Pline et ses successeurs, les récits aient été si peu corrects, tandis que les représentations que l'art en a laissées sont comparativement exactes ; témoins les médailles d'Adrien avec un crocodile à côté du Nil et un hippopotame regardant le fleuve-dieu, et encore les médailles de Marcia Otacilla Severa, ainsi que les sculptures du socle de la statue du Nil ayant un crocodile à son embouchure.

Après tout, on peut bien croire que quelques-uns avaient vu l'animal lui-même. Marcus Scaurus fut le premier, dit Pline, qui, dans les fêtes de sa magistrature, montra au peuple un hippopotame et quatre crocodiles. Un autre hippopotame orna aussi la pompe triomphale d'Auguste après sa victoire sur Cléopâtre. Les derniers empereurs en firent venir fréquemment à Rome, et il y a tout lieu de croire que ce n'était plus seulement comme purs objets de curiosité, mais bien comme antagonistes aux gladiateurs du cirque.

Les anciens croyaient à une inimitié grande entre l'hippopotame et le crocodile. Il se peut que les deux races ne soient pas animées d'excellents sentiments à l'égard l'une de l'autre ; mais vivant voisins et pourvus chacun par la nature d'armes offensives et défensives, il est probable que les deux monstres se contentent d'une neutralité armée.

Ce qui tout d'abord frappe dans l'hippopotame, ce sont ses yeux et ses narines. Les premiers ont un aspect extraordinaire; la projection du globe de l'œil est tellement forte, qu'on la croirait le résultat de quelque lésion extérieure ou intérieure. Mais il n'en est rien. Cette disposition est, au contraire, un nouvel exemple de l'admirable appropriation des organes au but qu'ils doivent atteindre. Il faut que les muscles de l'œil soient excessivement forts et souples pour projeter le globe en avant ou le retirer au fond de l'orbite, de manière à adapter la vision aux différents milieux où elle est appelée à agir, selon que l'animal est à terre, qu'il nage sous la surface de l'eau, ou qu'il marche sur le lit même des fleuves à des profondeurs considérables. Cela rappelle une disposition semblable dans l'appareil visuel de certains oiseaux de proie, comme les aigles et quelques autres.

Les naseaux sont placés de telle sorte que, quand l'animal remonte à la surface, c'est la première chose qu'on voit sortir de l'eau. Ils se ferment, comme ceux du phoque, quand il plonge, et s'ou—

vrent lorsqu'il vient respirer ; mais l'appareil qui fait qu'ils s'ouvrent ou se ferment est plus compliqué. Dans l'hippopotame, les naseaux, situés plus verticalement que ceux du veau-marin, sont organisés de manière à indiquer la présence d'un sphincter orbiculaire doué de la faculté de saillir en avant, pour que, dans l'acte de l'aspiration, la tête, soit le moins possible exposée hors de l'eau.

Ces deux pièces de la machine animale de l'hippopotame, les yeux et les naseaux, sont de première nécessité à un être qui passe dans l'eau la plus grande partie de son temps. L'admirable mécanisme de l'œil n'offre rien de semblable chez aucun mammifère ; il se rapproche beaucoup de celui du caméléon. Sur la rive, un danger menace-t-il ? l'hippopotame l'aperçoit du plus loin et aussitôt il cherche instinctivement un abri au fond de la rivière. Dans cette retraite sûre, il peut rester jusqu'à ce que le péril soit passé, et si, dans l'intervalle, il a besoin d'une nouvelle provision d'air, il vient la prendre à la surface en n'exposant que l'extrémité de ses naseaux.

Autour des paupières la peau est rose-chair, et elle n'est sillonnée que d'un pli à la paupière supérieure et de deux plis à la paupière inférieure. De prime abord, on croirait les paupières dépourvues de cils ; mais, en les examinant de plus près, on découvre quelques poils rares et courts sur le bord de la paupière supérieure. Dans le mouvement propulseur de l'œil hors de l'orbite, le blanc acquiert une proportion considérable et laisse voir de larges vaisseaux conjonctivaires. Quand l'œil fait son mouvement de retraite, on voit s'avancer une épaisse et lourde membrane clignotante, *palpebra nictitans*, et le globe se meut simultanément d'avant en arrière et de haut en bas ou de bas en haut. Il existe une caroncule ou protubérance au centre de la surface externe de la paupière clignotante. — L'iris est d'une couleur brune foncée ; la pupille est une espèce d'ouverture oblongue transversale, et le globe de l'œil, relativement petit, est remarquable par ses mouvements de projection et de rétraction.

« Les naseaux, dit le professeur Owen (1), placés sur une éminence érectile que l'animal a la faculté de ramener sur la partie supérieure de son énorme museau, sont deux fentes courtes et obliques, défendues par deux valvules qui, comme les paupières, peuvent s'ouvrir et se fermer instantanément. C'est surtout quand l'animal est dans

____

1. Dans les *Annals and Mangazine of Natural History*.

son élément favori que les mouvements de ces deux ouvertures deviennent visibles.

« La bouche immense de l'hippopotame est remarquable par ses angles relevés dans la direction des yeux, ce qui donne à cette masse animée une expression comique des plus grotesques. Ses dents de lait, courtes et fines, font une saillie légère en avant, et les petites incisives destinées à tomber paraissent enchâssées dans une alvéole faite avec la gencive même.

« Le museau est hérissé de grosses soies courtes plantées à distances égales, et dont quelques-unes semblent se partager et former une sorte de bouquet ou de touffe. Le dos et les flancs sont couverts d'un poil extrêmement fin et court, qu'on n'aperçoit que de près. La queue est courte, assez plate et se termine brusquement en pointe. »

L'hippopotame, au sortir de l'eau, paraît d'un noir bleuâtre sur le dos et les flancs, et rose vif sous le ventre ; ses oreilles sont également couleur de chair, il les agite avec beaucoup d'énergie.

Le rictus de la bouche est fort grotesque et fait un angle aigu quand le monstre ouvre cet antre énorme. La peau est partout ridée des petites gerçures des glandes visqueuses dont la mucosité sert à lubréfier le cuir de l'animal. Ce cuir, qu'on dirait privé de poil, est cependant couvert d'un duvet fin et soyeux qui peut se comparer à celui qui couvre la lèvre d'un très-jeune homme. Au fond de l'eau, l'hippopotame semble plus bleu, ou, si l'on veut, moins noir ; on distingue parfaitement snr sa peau la place des pores qui secrètent le mucus.

La nature amphibie de l'hippopotame nous amène à chercher l'espèce d'appareil qui lui permet de demeurer au fond de l'eau. Les réservoirs veineux des phoques et les réceptacles artériels plexiformes des baleines vont naturellement se présenter tout d'abord à l'esprit des physiologistes. Les derniers, comme on doit s'y attendre, sont beaucoup plus vastes et plus complexes. La baleine reste ordinairement une heure dix minutes sans venir chercher de l'air à la surface. A l'état de nature, les phoques restent de quinze à vingt-cinq minutes sous l'eau. Mais on a observé qu'un phoque en captivité était resté endormi au fond de son bassin pendant une heure entière. On ne saurait guère déterminer le temps que l'hippopotame peut passer sous l'eau ; toutefois à la manière calme et tranquille dont il arpente le fond des rivières, il est probable que, pour se disposer à un aussi long séjour sous-marin, l'animal vient auparavant aspirer l'air libre pendant un laps de cinq à dix minutes.

Sparrman et M. Cumming sont peut-être les deux hommes qui ont le mieux dépeint les mœurs de l'hippopotame. Ecoutons la description que fait le Nemrod écossais (1) de l'ingénieuse machine de guerre employée par les naturels contre le béhémoth, comme ils appellent l'énorme bête.

« Le 20 juillet, dit l'intrépide chasseur, je montai à cheval et me dirigeai de nouveau vers la rivière, où je trouvai encore une troupe d'hippopotames... Ce jour-là, je découvris un engin des plus meurtriers, construit par les Bakalahari, pour tuer le monstre amphibie. L'appareil consistait en une petite assagaie ou clou aiguisé et empoisonné, solidement emmanché à l'extrémité d'une lourde pièce de bois d'épine, longue de quatre pieds (1^m,20^c) et d'un diamètre de cinq pouces environ (soit 12 centimètres). Cette formidable machine était suspendue au-dessus d'un sentier battu par les hippopotames, à une hauteur de trente pieds (9^m,12^c) du sol, au moyen d'une corde d'écorce qui passait sur une des branches d'un grand arbre, descendait le long du tronc, glissait sur une che—

_____

1. *Cinq années de la vie d'un chasseur dans l'Afrique Méripionale.*

ville et, traversant le sentier, allait s'attacher de l'autre côté à un piquet. A cette machine était adaptée une détente construite de telle façon, que, dès que l'hippopotame se heurtait contre la corde qui barrait le passage, le terrible billot se détachait soudain, et, suivant la perpendiculaire, venait enfoncer dans la pauvre victime son dard inexorable. Les os et les dents d'hippopotame, dont le sol était jonché non loin de là, attestaient le succès de cette dangereuse invention. »

Le premier hippopotame qui parut à Londres au Jardin Zoologique fut pris en août 1849, dans le Nil, à plus de trois mille kilomètres du Caire. Il était alors du volume d'un veau nouveau-né, plus gros mais plus bas. Sa malheureuse mère venait d'être atteinte mortellement ; mais, comme au lieu de se jeter dans le fleuve, elle se dirigeait en appelant vers d'épaisses broussailles qui garnissaient la rive à quelque distance, les chasseurs portèrent leur attention de ce côté et y découvrirent l'enfant, au milieu de hautes herbes. Ils ne purent cependant s'en emparer immédiatement, car il glissa de leurs mains et prit aussitôt sa course vers le fleuve, qu'il aurait infailliblement atteint si l'un de ceux qui le poursuivaient ne lui avaient enfoncé dans le flanc la gaffe du bateau.

Bientôt l'animal s'attacha très-vivement à ceux qui prenaient soin de sa personne, se conduisant à leur égard tout à fait comme s'ils étaient pour lui *in loco parentis*. Pendant la traversée à bord du navire à vapeur le *Ripon*, qui le débarqua le 25 mai 1850 à Southampton, il avait au-dessus de sa case le hamac de son gardien. Ce n'était pas tout plaisir pour le pauvre homme, car il ne pouvait pas s'éloigner de son élève sans que celui-ci ne témoignât la plus grande anxiété. Il paraît même que le jeune hippopotame, pour s'assurer de la présence de son ami, frappait de temps en temps le hamac de l'Arabe avec son énorme tête.

« Le vif attachement de l'animal pour son gardien, écrit encore le professeur Owen dans le Mémoire que nous avons déjà cité, a évité toute difficulté pour ses différents transbordements, du vaisseau au chemin de fer et du chemin de fer à sa demeure actuelle. En arrivant dans le jardin, l'Arabe chargé de sa personne mit pied à terre le premier, avec un panier de dattes sur l'épaule, et l'hippopotame le suivit aussitôt, tendant, de temps à autre, son grotesque museau vers ses friandises favorites, qui, au surplus, lui furent libéralement abandonnées comme une légitime récompense, dès qu'il fut entré dans son nouvel appartement.

Le lendemain matin, lorsque je l'allai voir, il était nonchalamment étendu sur la paille, la tête appuyée au pied de la chaise sur laquelle était assis son gardien. Il poussait de temps en temps des soupirs de bien-être, et, entr'ouvrant ses épaisses et lourdes paupières, il levait vers l'Arabe un regard placide et béat ; puis il s'amusait à mordre un des pieds de la chaise.

« Après une heure de ce manége, il se leva, fit lentement le tour de sa chambre et poussa un cri rauque et élevé, répété cinq ou six fois de suite, assez semblable au hennissement du cheval, et se terminant par quelque chose de bref et d'éclatant comme un aboiement. Le gardien, parfaitement au fait de ce langage, nous apprit que l'animal demandait à retourner dans son bain. En conséquence, il ouvrit la porte et marcha devant : l'hippopotame le suivit comme un chien. En arrivant au bord du bassin, la lourde bête en descendit avec précaution les larges degrés, s'arrèta, but une gorgée, enfonça sa tête dans l'eau et finit par s'y plonger tout entier.

« Il ne fut pas plutôt dans son élément favori, qu'il changea tout à coup d'aspect : on l'aurait dit animé d'une vie nouvelle ; il se donnait un mouvement extraordinaire, allant, venant, plongeant, et reparaissant pour plonger encore. On l'aurait pris pour un cétacé. A chaque instant, il emplissait d'eau sa bouche immense, et rejetait cette eau avec force en venant nous montrer sa grotesque figure. Comme au fond du bassin c'était surtout son dos qu'on apercevait, l'animal paraissait infiniment plus gros qu'à terre. Après une demi-heure d'ébats, il sortit de l'eau à la voix de son gardien, et le suivit dans sa cabane, où l'attendait une moelleuse litière de paille fraîche et un gros sac rembourré dont il sait fort bien faire son oreiller. »

Au Caire, l'hippopotame en question mangeait beaucoup d'argile, et les Arabes ses gardiens, ont exprimé le désir qu'il en eût dans sa nouvelle demeure. Sparrman a trouvé dans l'estomac d'un jeune hippopotame ouvert par lui, une assez forte quantité de matières boueuses mêlées à des plantes et à des feuilles entièrement fraîches: il est possible que cette boue ait été avalé par l'animal pour corriger l'âcreté de son régime, comme ici nous voyons les veaux lécher la craie. Le formidable appareil dentaire au moyen duquel l'hippopotame déracine les plantes au fond des rivières doit aussi nécessairement saisir et entraîner en même temps dans l'estomac une certaine quantité de terre;

la découverte de Sparrman en est la preuve.

Deux des Arabes qui ont accompagné l'hippopotame du Jardin Zoologique de Londres,—Djabar-Haidjab et Mohammed Abou-Mirouan, — étaient l'un et l'autre d'habiles charmeurs de serpents. Le premier était un vieillard qu'avaient employé autrefois les savants français de l'expédition d'Égypte sous Bonaparte; il attrapait des reptiles pour Geoffroy Saint-Hilaire. L'autre était un jeune garçon d'une quinzaine d'années, le neveu de Djabar. Il remplissait un rôle important dans leurs exercices avec les serpents; il était devenu, de plus, le camarade de jeu de l'hippopotame.

Rien n'était plus amusant que de le voir jouer avec l'énorme bête. Il commençait par provoquer son partenaire au moyen de gambades bouffonnes, puis il battait rapidement en retraite lorsque le monstre s'avançait sur lui, et alors l'hippopotame se mettait gaiement à sa poursuite en ouvrant une effroyable bouche.

Le professeur Owen remarque, dans sa notice sur l'hippopotame, que cet animal, âgé seulement de dix mois au moment où il écrit, avait déjà deux mètres quinze centimètres de long, et que son corps énorme mesurait sous le ventre trois mètres de circonférence. Cette masse était soutenue sur quatre grosses jambes très-courtes terminées chacune par quatre larges ongles. Aux pieds de devant, les deux ongles internes sont plus petits que les autres, et les deux du milieu sont les plus gros aux quatre pieds.

« Les membres postérieurs, continue le naturaliste, sont enterrés sous la peau des flancs, presque jusqu'à la naissance du talon. D'épaisses écailles d'épiderme sont sur le point de se détacher du pied, surtout par derrière, où l'on voit un lambeau blanc, bien circonscrit; mais c'est en vain que j'ai cherché quelque trace de l'orifice glandulaire qui existe au même endroit chez le rhinocéros. La peau nue qui couvre le dos et les flancs de l'animal est rouge-indien foncé, et sillonnée çà et là de petites rides nombreuses qui se rencontrent, mais sont presque toutes disposées transversalement. La première fois que j'ai vu l'hippopotame, il sortait de son bain et une petite goutte de sécrétion luisante perlait à chacun des pores visqueux disposés sur tout son corps, à des intervalles de huit lignes à un pouce (20 à 25 millim.). Ces gouttelettes, par le soleil, donnaient à la peau des reflets tout particuliers. Quand l'animal était plus jeune, cette sécrétion était rougeâtre, et comme elle était beaucoup plus abondante qu'aujourd'hui, toute la surface du corps en prenait la couleur chaque fois qu'il sortait de l'eau. »

Rien n'est plus exact que cette description, à l'exception, toutefois, de la prétendue nudité de la peau qui, comme il a été dit plus haut, paraît nue au premier abord, mais est en réalité couverte d'un poil très-menu et soyeux, qui disparaît sans doute en totalité ou en partie à mesure que l'animal avance en âge.

Un an après son installation à Regent's-Park, le jeune citoyen du Nil était dans un véritable état de prospérité matérielle. Sa nourriture consistait encore en une bouillie au lait faite avec de la farine d'avoine, et, voudra-t-on le croire, son cornac Hamet y ajoutait une assez forte quantité de crottin de cheval. Oui, lecteur, « Hippo » consommait beaucoup de ce condiment, et il en a toujours consommé avec délice. Cette confidence sur l'alimentation de l'hippopotame rappelle un passage de Sparrman, dans lequel ce savant prévoit la possibilité d'amener en Europe un de ces animaux. A propos de l'hippopotame à la mamelle, qu'il captura et disséqua, le docteur suédois dit : « Je suppose qu'un hippopotame un peu plus âgé que celui-ci ne serait pas très-délicat pour sa nourriture ; car le nôtre, excité par la faim, ne fut pas plutôt laissé libre un moment près de notre chariot, qu'avec une avidité extraordinaire et sans le moindre dégoût, il se mit à avaler quelque chose d'assez sale qui venait de tomber sous la queue d'un de nos bœufs d'attelage. » Le voyageur a lui-même, on le voit, une délicatesse classique d'expression.

Il est assez probable que le jeune hippopotame avalait cette matière excrémentielle, non parce qu'il était pressé par la faim, mais pour corriger l'acidité du lait, qu'on trouva caillé dans son estomac. L'hippopotame à la mamelle pourrait bien, dans l'état de nature, avoir instinctivement recours aux résultats de la digestion maternelle pour le même effet. Cette conjecture ne semble pas être venue à l'esprit de Sparrman qui, après avoir raconté son anecdote, fait observer que cela peut paraître extraordinaire chez un animal qui a quatre estomacs, mais qu'il existe des exemples de cette espèce d'alimentation pour le bétail commun que, dans le Herjebal, on nourrit en partie de crottin. Sparrman ajoute qu'on lui a assuré que cette manière de nourrir les bestiaux, était pratiquée très-avantageusement dans l'Upland ; qu'on y avait eu recours dans une saison où il y avait rareté de fourrage et qu'ensuite ces mêmes bestiaux s'y étaient habitués de telle sorte qu'on n'avait plus besoin de mêler le crottin aux herbages ni aux plantes fourragères.

Quoi qu'il en soit, l'hippopotame de Londres s'est trouvé très-bien de ce régime. Nous ne saurions dire si celui du Jardin des Plantes de Paris a été nourri de la même façon, mais le fait est probable.

L'hippopotame n'a pas échappé à la médecine antique. Pline et les autres nous montrent de combien de préparations il a enrichi la pharmacopée. Nous les épargnons à nos lecteurs, nous bornant simplement à dire que ses dents, employées d'une certaine façon, étaient un remède souverain contre l'odontalgie, et que la mère de famille qui pouvait se procurer de la cervelle d'hippopotame et en frotter les gencives de son enfant affranchissait la pauvre petite créature des douleurs de la dentition. N'oublions pas non plus que l'animal était considéré comme un maître en l'art de guérir, à cause de l'habitude qu'on lui attribuait de se pratiquer des saignées en s'écorchant les veines des jambes à la pointe affilée d'un pieu ou à l'extrémité aiguë d'un gros roseau cassé, chaque fois que le réclamait sa constitution pléthorique.

II

LA CIGOGNE, L'ADJUDANT.

Le philosophe qui, dans le domaine de la fantaisie, entreprendrait de suivre la course vagabonde de l'*entité transmigrante*, comme on a appelé l'âme, et de l'accompagner à travers ses phases diverses, aurait à parcourir une route amusante, quoique non exempte d'embarras, prît-il Pythagore lui-même pour guide. Ébauche imparfaite du dogme de l'immortalité de l'âme, cette doctrine de la métempsycose, basée, selon toute probabilité, sur le développement, la décomposition et la régénération de la nature animale et de la nature végétale, fait naître d'ailleurs des pensées qu'il ne faut pas se hâter de rejeter, les unes graves, les autres plus légères.

Les corps ne meurent que pour revivre. Le cadavre que n'ont pas disputé aux vers les efforts irrévérencieux de la science médicale, ne tarde

3.

pas à s'animer d'une nouvelle vie animale sous d'autres formes, et la plante renaît aussi de ses fibres décomposées ; sans parler des myriades de petits insectes qui vivent, se meuvent et se nourrissent sur ces débris. Encore ceci, remarquez-le bien, n'est-il que la première scène visible à tous les yeux.

A vrai dire, le globe terrestre est évidemment si rempli, qu'il est facile de comprendre qu'on ait pu imaginer que, relativement, la quantité de la matière soit infiniment petite et le volume de l'esprit énormément grand. On dit que Jupiter, en ayant fait la remarque, lança une poignée d'âmes sur ce *petit tas de boue*, et les laissa se disputer le peu de corps disponibles.

De pareils contes une fois admis, heureuse doit avoir été l'âme qui put, victorieuse de la lutte, se frayer un chemin dans l'œuf d'une cigogne, cette personnification de toutes les vertus. Reconnaissance, tempérance, chasteté, charité, telles sont quelques-unes des qualités que les anciens attribuaient à cet oiseau. Le bienvenu partout, apportant avec lui une vie enchantée, il était, il est encore salué comme le messager du printemps et l'ennemi acharné du mal. Il n'est pas jusqu'à l'impassible Hollandais qui ne s'émeuve en apercevant la cigogne de retour à son nid bien connu.

La disparition des cigognes pendant l'hiver et leur réapparition au printemps ont donné lieu aux mêmes fables d'hivernage qu'on a longtemps débitées sur les hirondelles. Qui n'a ouï parler de chapelets de cigognes péchés dans l'eau, se tenant toutes ensemble par la queue? Le lac de Côme, si nous avons bonne mémoire, était un de leurs quartiers d'hiver préférés. Des pêcheurs, prétend-on, en ramenèrent dans leurs filets un grand nombre engourdies par le froid et ne donnant plus signe d'existence, mais bientôt les bonnes gens les ranimèrent en les mettant dans un bain chaud. Pline, le naturaliste, ne doutait pas de leur migration, pas plus que des grandes distances d'où elles arrivaient, bien que de son temps, dit-il, on ignorât d'où elles venaient et où elles se retiraient.

Pourtant le vieux Belon savait bien que l'Afrique était le lieu de leur retraite d'hiver ; on les voyait, affirme-t-il, blanchir les plaines de l'Égypte en septembre et en octobre. Ce savant ornithologiste (grâces lui soient rendues de ses excellentes observations) en vit une longue troupe dans l'acte même de leur migration, alors qu'il se trouvait à Abydos pendant le mois d'août. Elles venaient du Nord, et quand elles arrivèrent à la Méditerranée, elles tournèrent, tournèrent en rond, puis se débandèrent en compagnies distinctes et cessèrent de faire route en un seule colonne.

Le docteur Shaw, dans un voyage au Mont-Carmel, les vit venir d'Égypte par troupes qui mesuraient une étendue d'un kilomètre en largeur et dont chacune mit trois heures à défiler. Certaines histoires prétendent qu'elles sont précédées dans leur vol par une avant garde de corbeaux qui leur servent de guides ; d'autres soutiennent, au contraire, qu'il y a haine à mort entre les deux races, et que l'Égypte a vu de rudes combats entre les cigognes et les corbeaux.

L'arrivée des corbeaux s'annonce par leurs cris ; la cigogne ne fait entendre aucun son de voix. Ce mutisme a probablement fait naître et entretenu chez les anciens la croyance que les cigognes n'avaient pas de langue. Leur mode ordinaire de communication se fait par le claquement de leurs mandibules, qui s'entrechoquent comme une paire de castagnettes.

Les anciens connaissaient parfaitement cette particularité :

« Ipsa sibi plaudat crepitante ciconia rostro, »

a dit Ovide (*Métam.*, VI, 97), et le Dante y fait

allusion dans sa description de l'agonie des coupables, au lieu des pleurs et des grincements de dents :

> « Eran l'ombre dolenti nella ghiaccia ;
> Mettendo i denti in nota di cicogna. »

Grandes sont les assemblées et bruyants les claquements de becs qui précèdent la migration d'automne. Pline a mentionné ces rassemblements, et, eu égard à l'époque où écrivait le naturaliste romain, il y a peu de faits relatés par lui qui n'aient été depuis lors sanctionnés par les observateurs modernes.

Du temps d'Oppien, ce qu'on savait des cigognes était un peu plus complet, car il parle de certains de ces oiseaux partant de la Lycie et d'autres de l'Éthiopie. Mais quelqu'ignorants qu'aient pu être les anciens des lieux où les cigognes passent l'hiver, aucun auteur n'a nié leur migration. Longtemps avant les jours de Pline et d'Oppien, on avait écrit : « Même la cigogne dans l'air sait à point nommé le temps de son retour ; la tourterelle, la grue et l'hirondelle observent le jour de leur venue. »

Voyons maintenant le côté fabuleux de l'histoire de la cigogne. L'aimable fille de Laomédon, la charmante sœur de Priam, qui brillait entre les vierges mortelles comme la lune au milieu des étoiles, se vanta, dans son orgueil, d'être plus belle que la reine des cieux. Junon, qui n'est pas citée pour sa patience en fait d'insultes pareilles, lança contre la coupable le décret de dégradation. La pauvre Antigone vit son nez délicat et sa bouche exquise s'allonger en un rouge bec de corne, — tandis que son beau corps se perchait sur deux hautes et maigres jambes rouges, n'ayant plus que des ongles plats au bout de ses doigts étirés, pour lui rappeler des membres jetés dans le moule de femme le plus parfait. .

Cette forme d'ongles n'a pas échappé à Willoughby, qui écrit en parlant de notre oiseau : « Ses griffes sont larges comme les ongles d'un homme, de sorte que le mot πλατυωνυχος ne suffirait pas pour établir de différence entre l'homme et une cigogne plumée.—Pauvre Antigone ! au lieu d'une table royale, chargée de mets exquis, son couvert dut se dresser désormais dans le désert. Mais l'irascible et jalouse déesse paraît avoir été quelque peu touchée de commisération ; car, en punissant son insolence, elle laissa, selon la légende, à la malheureuse métamorphosée, toutes ses vertus et ses qualités aimables. La reconnaissance, la tempérance, la chasteté, l'amour du prochain, voilà quelques-uns

des dons qu'elle lui conserva pour la consoler de
son triste lot, et ces qualités, il paraîtrait, ont
toujours été depuis l'apanage de l'espèce.

On ferait un volume avec les anecdotes qu'on
raconte de la reconnaissance des cigognes. On a
dit que, chaque année, en revenant à leurs nids
sur le toit des maisons, elles jetaient à leur propriétaire un de leurs petits en guise de loyer ou de
tribut, — acte de justice accompli toutefois aux
dépens de leurs sentiments maternels. Eh bien !
si vous ne vous sentez pas disposés à accueillir ce
fait, écoutez l'histoire d'Héraclée de Tarente, la
bonne, la chaste, la pieuse Héraclée.

Quand l'ange de la mort lui ravit son époux
chéri, elle pleura longtemps et amèrement, mais
non comme la matrone d'Éphèse. Ne pouvant plus
supporter la vue de sa chaise vide et de sa couche
solitaire, elle alla établir sa demeure sur la tombe
de son mari. Là, plongée dans sa douleur, un
jour que, par un beau soleil d'été, tout, excepté
la triste veuve, souriait dans la nature, elle vit
un couple de cigognes apprenant à leurs petits à
voler. L'une de ces chétives créatures, aux ailes
peu robustes, tomba à terre et se cassa la patte.
Héraclée avait trop souffert elle-même pour ne
pas compâtir aux souffrances d'autrui ; elle éleva

le jeune oiseau, pansa ses blessures. y appliqua de salutaires remèdes, et, quand la cure fut complète, elle lui donna la liberté. Il s'envola ; et elle, qui contemplait son départ en soupirant, resta seule avec sa douleur.

L'année suivante, assise à la porte du tombeau conjugal, la triste Héraclée, enveloppée de sa robe de deuil et inondée des rayons d'un soleil printanier, aperçut au loin une cigogne qui se faufilait vers elle en rasant la terre. L'oiseau s'avance ; comme il approchait, elle reconnut son invalide, et lui, aussitôt, de voltiger légèrement au-dessus d'elle ; puis, laissant tomber de son bec une pierre sur les genoux de la veuve, il repartit. La pauvre veuve se demandait avec étonnement ce que cela pouvait signifier ; mais, frappée de l'action de la cigogne, elle emporta la pierre chez elle et la déposa à terre. La nuit, l'endroit devint brillant, comme si mille torches l'eussent illuminé; cet éclat éblouissant venait de la pierre précieuse, — que la cigogne avait rapportée des contrées lointaines à sa bienfaitrice, — pierre plus brillante que le diamant le Koh-i-nour, « la montagne de lumière. »

Pure invention ! direz-vous.

Eh bien ! si vous vous refusez à croire Elien, voici une autre histoire qui relate un fait semblable.

Un méchant lança une pierre à une cigogne et lui cassa une patte. La pauvre cigogne regagna son nid et y demeura. Les femmes de la maison la nourrirent, lui rémirent la patte et la guérirent, si bien qu'en temps utile elle put partir avec les autres. Au printemps suivant, l'oiseau, qui fut reconnu par les femmes, revint au nid, et au moment où, attirées par ses gestes, elles s'approchaient de lui, il entr'ouvrit le bec et laissa choir à leurs pieds le diamant le plus beau qu'il avait pu ramasser dans ses voyages.

On cite encore la vieille cigogne qui avait établi son nid sur une certaine maison, pendant je ne sais combien d'années. Cet oiseau bien appris ne revenait jamais au printemps sans se promener de long en large devant la porte en faisant claquer son bec jusqu'à ce que le maître sortît. La cigogne alors claquetait plus que jamais, comme pour dire : « Bien le bonjour, Monsieur, me voilà revenue. » A quoi le maître répliquait : « Ah ! ah ! la vieille, et comment cela va-t-il ? » Quand venait l'automne, même cérémonie, la cigogne claquetait : — « Adieu, Monsieur ! » Et le maître répondait : — « Bon voyage, brave femme ! »

Une autre cigogne, non contente d'un salut banal, rapportait, assure-t-on, à chacun de ses re-

tours, une racine de gingembre, qu'après un suffisant exorde de claquement de bec, elle remettait
comme étrennes au maître de la maison.

Tout le monde sait l'histoire de ce petit chien
qui en amena un plus gros pour obtenir réparation
d'un gigantesque mâtin. Oppien va bien plus loin,
quand il nous raconte qu'autrefois un énorme serpent s'imaginait, chaque année, de se glisser dans
le nid d'une cigogne et de détruire ses petits. A la
fin, les désolés parents ramenèrent avec eux un
autre oiseau qu'on n'avait pas encore vu, plus petit
qu'une cigogne, mais armé d'un grand bec aigu
comme un glaive. Quand la nichée fut mûre pour
le meurtre, on vit le reptile s'avancer en rempant;
mais cette fois, il se trouva face à face avec le
vaillant allié, et il s'ensuivit entre l'oiseau et lui
un combat terrible, qui se termina par la mort
du sanguinaire agresseur. Toutefois le défenseur
de la nichée ne sortit pas sain et sauf de la lutte;
il souffrit tellement des morsures empoisonnées
du serpent, que toutes ses plumes tombèrent;
ce que voyant, les parents, reconnaissants, se gar-
dèrent bien d'abandonner leur bienfaiteur à son
sort : ils le nourrirent, l'entretinrent et différèrent
leur départ jusqu'à ce que ses plumes fussent
repoussées, et, ce temps arrivé, le protec-

teur et les protégés s'envolèrent de conserve.

Sur l'amour des cigognes pour la chasteté et leur horreur de l'infidélité, qu'elles punissaient avec la dernière rigueur, les anciens ont également bâti des histoires fort édifiantes. Une cigogne fait-elle un faux pas, son époux s'en aperçoit et ne s'en émeut guère, mais il s'envole tranquillement et ramène avec lui une armée de vengeurs qui mettent en pièces l'épouse coupable. Gare à vous, vous toutes dont le toit recèle un nid de cigogne ! car le bipède emplumé, jaloux de l'honneur de ses hôtes comme du sien, sait veiller aussi à l'honneur des maris absents.

Quand les cigognes reviennent, les mâles, dit-on, précèdent les femelles de quelques jours. Pendant ce temps, ils approprient les nids et disposent tout confortablement pour leurs tendres moitiés. Aussi, quand celles-ci arrivent, chacune volant à son époux, Dieu sait les becquetages, les conversations et les joies conjugales du logis, si nous en croyons les vieilles chroniques !

Pour ce qui est de la tempérence, la cigogne fut aussi en honneur chez les anciens que le père Mathieu d'Irlande chez les modernes.

Mais la piété filale de l'oiseau ! Ah ! voilà sa vertu capitale. N'a-t-elle pas donné l'idée des lois *Cico-*

niariæ , par lesquelles l'enfant est obligé de nourrir ses parents, et ces lois ne sont-elles pas encore en vigueur aujourd'hui ? Si vous en doutez, consultez les « *Oiseaux* » d'Aristophane et sa mordante satire sur le bipède sans plumes qu'on y trouve.

Quand le pieux Énée porta Anchise sur ses épaules, ne suivait-il pas l'exemple de la cigogne qui, sans que le même danger le menace, porte son vieux père invalide sur ses jeunes épaules pour lui faire faire, dans l'air, un tour de promenade ?

C'est là ce que dit le vieux quatrain français :

> « Le cigogneau ayant prins sa croissance
> Porte et nourrit ses père et mère vieux.
> Ainsi chacun d'aider soit curieux
> Son père vieil tombé en décadence. »

Chez ces oiseaux, l'amour maternel n'est pas moins grand que la piété filiale. Témoin cette histoire véridique du dévouement d'une mère au grand incendie de Delft. La flamme furieuse s'élançait de toutes parts et atteignait le toit où se trouvait un nid de cigognes avec ses jeunes habitants encore dépourvus de plumes. La mère, effrayée, tenta vainement, par tous les moyens en son pouvoir, de mettre sa progéniture à l'abri du

danger; mais les plus vigoureux efforts furent im-
puissants. Alors, environnée de feu et demi suffo-
quée par la fumée, elle étendit ses ailes sur ses
petits, les pressa sur son sein et périt avec eux.

En voilà assez pour ce qu'on peut dire des excellentes qualités morales de la cigogne : jetons
maintenant un regard sur sa structure physique.

Perché sur deux hautes jambes maigres, recouvertes d'une peau écailleuse , solide cuirasse
contre la dent de l'aspic de Cléopâtre, son corps
léger se tient en équilibre parfait. Les doigts sont
palmés de leur naissance à la première articula-
tion, afin que l'oiseau ne coure aucun risque si, en
marchant dans l'eau, il perd pied tout à coup. Ses
larges ailes sont mues par des muscles puissants,
tandis que la tête, renversée en arrière sur le
corps au moyen du long cou, demeure jointe à la
masse et que les longues jambes aident la queue,
comparativement courte, à diriger la course de
cette nef aérienne. Quand l'oiseau cherche sa
nourriture, le cou est ou tendu en avant ou, s'il
guette sa proie, rejeté en arrière sur les épaules,
prêt à darder, en un clin d'œil, la pointe acérée du
bec. Les serpents, les lézards, les poissons, les
grenouilles, voilà ses mets favoris : de là le respect
que lui portent toutes les nations qu'il vient, voya-

geur aimé, visiter régulièrement. Pressé par la faim, il pourrait bien manger des crapauds, mais non par goût, évitant très—probablement les âcres mucosités que sécrètent les tubercules de la peau de ce reptile.

Ceux que les beaux jours de l'été appellent sur les bords fleuris des rivières favorisées de la clientèle des canotiers et des marchands de matelottes ont pu voir la séduisante amorce du « POISSON TOUT EN VIE, » appendue à mainte enseigne, trop souvent menteuse comme un bulletin. Eh bien! le repas de la cigogne est très-fréquemment un véritable *repas vivant*, et il lui arrive, plus d'une fois, d'éprouver le désagrément d'un dîner par trop *animé*, qui s'efforce d'échapper par une des deux *portes* de son individu. « J'en connais, » dit le digne Johanes Faber, « qui se sont convaincus, de leurs yeux, que les cigognes, quand elles avalent des serpents vivants (comme cela leur arrive parfois), ont l'habitude d'appliquer leur queue contre une muraille jusqu'à ce qu'elles sentent le serpent mort dans leur corps. »

La cigogne blanche dépose, dans son vaste nid, trois ou quatre œufs blancs, légèrement teintés de jaune, d'un ovale allongé par une extrémité, ayant à peu près soixante-quinze millimètres de longueur et un diamètre d'environ cinq centimètres. Les parents nourrissent leurs petits, comme font les pigeons, en introduisant leur bec dans ceux des cigogneaux et en y ingurgitant de leur propre estomac les restes, à moitié digérés, de leur dernier repas.

Ceux qui ont laissé la cigogne blanche rôder autour des réserves où le canard sauvage cache son nid savent, à leurs dépens, qu'elle ne restreint pas scrupuleusement son régime à un poisson, à une grenouille ou à un serpent. Cet oiseau éminemment moral, dont la piété filiale est blasonnée dans les livres d'emblèmes, où on le représente portant sur ses épaules son père vénéré ; cet oiseau, tenu pour sacré dans tant de villes (où, sans doute, les citoyens ont constamment l'œil ouvert sur leur jeune basse-cour), est, dans son genre, malgré sa démarche solennelle, une sorte de tartufe. Après être resté immobile, dans une attitude réfléchie, comme s'il était au-dessus des vanités de ce monde, on l'a vu marcher lentement au bord du lac avec un air de philosophe contemplatif, et puis disparaître au milieu des buissons. Avant son départ, on avait remarqué près du point où il a disparu comme pour continuer ses méditations loin du regard importun des hommes, un nid caché, plein d'une gentille petite nichée de canards sauvages, et puis, d'une façon ou de l'autre, quand le penseur est revenu de la solitude, on n'a pas tardé à s'apercevoir que le nid était vide. Ogre emplumé, la cigogne avait l'habitude de visiter ce nid chaque jour, passant son temps à attendre que l'incubation fût complète, et, le terme arrivé, elle avalait chaque petit qui venait d'éclore.

Mais toute créature vivante ne mange que pour être mangée. A quelque époque qu'on remonte dans les annales de l'humanité, la cigogne blanche paraît avoir été tour à tour passée de mode puis recherchée comme un mets savoureux.

Cornelius Nepos, qui mourut sous le règne de l'empereur Auguste, constate que, de son temps, on regardait les cigognes comme un mets supérieur aux grues. « Voyez cependant, dit Pline, comme, dans notre siècle, le goût est changé; personne, si on lui servait une cigogne, n'y voudrait toucher; mais tout le monde est prêt à se jeter sur la grue, et il n'est pas de plat qui soit plus en faveur. »

Horace dit dans sa seconde satire :

> « Tutus erat rhombus, tutoque ciconia nido.
> Donec vos auctor docuit Prætorius. »

Le joyeux Pétrone nous fait entendre tout au

long, dans ses vers stridents, le claquement du bec
de l'oiseau :

« Ciconia etiam grata, peregrina, hospita,
Pietaticultrix, gracilipes, crotalistria,
Avis exsul hiemis, titulus tepidi temporis,
Nequitiæ nidum in caccabo fecit meo. »

Le vieux Belon (1555) rapporte le passage de
Pline avec le commentaire suivant : — « Voulant
dire que les grues estoyent en délices et les cigognes n'estoyent touchées de personne. » Mais
il ajoute : « Maintenant les cigognes sont tenues
pour viande royale. »

On n'en parle pas dans les livres de cuisine de la
Grande-Bretagne. A la vérité, l'oiseau ne vient jamais régulièrement dans ces îles, et l'on ne cite
que de rares exemples de sa présence à l'état de
liberté, bien qu'il fréquente le continent européen,
la France, l'Allemagne, et aille beaucoup plus au
nord, — jusqu'en Russie.

Dans la vieille pharmacopée, qui, il faut l'avouer,
contenait de bizarres prescriptions, la cigogne
blanche joua un grand rôle. Celui qui en mangeait
rôtie ou bouillie pouvait aller à la guerre en toute
sécurité, vigoureux et souple soldat, On la regardait encore comme un puissant topique contre les
plus cruels des ennemis domestiques, la goutte

et la sciatique. Un régime de jeunes cigognes était également efficace dans les maladies d'yeux, et leurs cendres faisaient un collyre infaillible. Pour guérir la paralysie, vous n'avez qu'à prendre une jeune cigogne ; vous lui fourez le bec sous l'aile et vous l'étouffez sous un oreiller ; hachez menu, passez les morceaux à l'alambic, recueillez la liqueur distillée, et, après avoir baigné le membre malade avec une décoction de crabes, — sans sel, rappelez-vous bien, — frottez-le de l'essence susdite de cigogne, et continuez alternativement. Si le malade ne guérit pas, c'est qu'il est incurable !

Si vous aviez quelque doute concernant l'efficacité de la jeune cigogne contre la goutte, consultez Leonellus Faventinus, il vous dira qu'une vieille cigogne plumée et qu'on fait bouillir lentement dans l'huile jusqu'à ce que la chair se sépare des os, est tout aussi bonne contre la même maladie, que l'huile de vipère. Prenez une once de camphre avec un dragme du meilleur ambre possible, mettez-les dans le ventre vidé d'une jeune cigogne prise avant d'être en état de voler, distillez, et Andreas Furnerius vous assurera que vous avez un cosmétique plus merveilleux que la Fleur de Circassie ou la Crème de lis.

Pline vous convaincra que l'estomac de l'oiseau était un spécifique contre tous les poisons, et le vieux Belon vient corroborer son opinion. Enfin, pour ne pas vous fatiguer, chers lecteurs, des avis de tous ces sages, nous les résumons en disant que la cigogne équivaut à une pharmacie universelle.

Le précieux oiseau attira l'attention de plus d'une profession. Le jardinier vit son bec et nomma *pelargonium* l'un de ses groupes de plantes favoris ; le chimiste le remarqua et fabriqua sa cornue ; l'apothicaire tira une lumineuse idée de la pratique de l'oiseau, dans certains cas que nous ne nous soucions pas d'approfondir, bien que plusieurs personnes soutiennent que ce fut l'ibis et non la cigogne qui fournit l'idée en question. C'est ici du reste le lieu d'observer que Belon et autres sont d'avis que la cigogne est l'ibis blanc d'Hérodote (Euterpe, 76); mais il faut se rappeler que les modernes, aussi bien que l'admirable historien d'Halicarnasse, reconnaissent avec raison une espèce d'ibis blanche, de même qu'une espèce noire, et il n'est pas moins vrai qu'il existe une cigogne noire aussi bien qu'une cigogne blanche.

La cigogne noire est tout l'opposé de la cigogne blanche, pour les mœurs comme pour la couleur ; elle fuit la demeure de l'homme avec autant d'empressement que l'autre la recherche : mais elle se nourrit à peu près de la même manière que la « *ciconia alba,* » avec un penchant plus grand cependant pour le poisson.

Ses visites en Angleterre sont rares, nous l'avons dit. La cigogne apprivoisée, du colonel Montagu, avait été légèrement atteinte d'un coup de feu dans l'aile, à Sedgemoor, près la paroisse de Stoke, dans le Somersetshire, en mai 1814. L'os ne fut pas cassé et l'oiseau vécut en la possession du colonel, en bonne santé, pendant plus d'un an. Comme la cigogne blanche, elle se reposait souvent sur une patte, et si quelque chose l'inquiétait, particulièrement l'approche d'un chien, elle faisait un bruit considérable au moyen du claquement réitéré de son bec, tout comme la première. Elle s'approvisa facilement, et, pour avoir son morceau favori. — une anguille, — elle aurait suivi son maître partout. Quand elle avait bien faim, elle se baissait en faisant poser par terre toute la longueur de ses jambes, et semblait supplier qu'on lui donnât son repas, en agitant la tête, en battant des ailes et en chassant bruyamment et avec force l'air de ses poumons. Quand on l'approchait, sa respiration se précipitait avec accompagnement de hochement de tête répétés. Elle était de nature douce et pacifique, fort contraire en cela à beaucoup de ses semblables, car jamais elle n'usa de son formidable bec d'une manière offensive contre aucun de ses compagnons de geôle, et même elle se laissait prendre volontiers sans grande résistance.

A la manière dont on remarqua qu'elle cherchait dans l'herbe avec son bec, il était impossible de douter que les reptiles ne formassent sa nourriture naturelle, et le colonel concluait que même des souris, des vers, et probablement les plus gros insectes s'ajoutaient en supplément à ses repas accoutumés. Lorsqu'elle cherchait sa proie dans l'herbe épaisse ou dans la fange, elle tenait son bec entr'ouvert.

Par ce moyen, dit le colonel, je l'ai vue prendre des anguilles dans un étang avec une grande dextérité. Il n'est pas d'hameçon communément en usage pour attraper ce poisson, qui le puisse plus efficacement retenir dans ses crocs que les dentelures du bec entr'ouvert de la cigogne. Une petite anguille n'a aucune chance de salut dès qu'elle est une fois sortie de sa cachette. Mais la cigogne n'engouffre pas immédiatement sa proie comme le cormoran ; au contraire, elle se retire sur le bord de l'étang, et là démonte sa victime en la frappant et en la secouant dans son bec avant de se hasarder à l'avaler. Je n'ai jamais vu cet oiseau essayer de nager, mais il marche dans l'eau jusqu'au ventre, et au beson y plonge toute la tête et le cou après sa proie. Il préfère un endroit élevé pour se reposer; un vieux saule pleureur, entouré de lierre qui se penche au-dessus de l'étang, est ordinairement ce qu'il choisit pour cela. Dans cet état d'immobilité, le cou est très-raccourci par la manière dont il appuie sur le dos la partie postérieure de la tête, et sur la portion avancée du cou repose le bec que les plumes recouvrent à moitié comme pour le cacher; tableau d'un fort singulier effet. »

Dans cette attitude, où on peut le voir dans la plupart de nos jardins zoologiques, l'oiseau a vraiment un air profond et la tournure d'un brahmine. Examinez quelques instants le philosophe dans sa pose immobile : le jour est un agréable jour d'été, mais l'aimable brise qui balance mollement les nuages sous l'azur des cieux ne l'émeut aucunement. On peut toutefois découvrir chez lui un léger mouvement de l'œil quand vient à voltiger aux alentours un des insolents moineaux dont toutes les promenades publiques sont pleines; mais le reste du corps ne bouge pas. A la fin, un infortuné

nouveau venu passe à portée de l'austère songeur.
Prompt comme la pensée, le bec tranchant est
dardé en avant et — crac — le pierrot est saisi et
avalé.

La cigogne est un piètre manger. Gesner re-
commande de faire d'abord bouillir la bête avant
de la rôtir. Il décrit la chair comme étant de couleur rougeâtre, semblable à celle du saumon, et il la
trouve quant à lui bonne et agréable. Mais il ajoute
que la peau est très-coriace. Si on pouvait l'enlever on n'aurait probablement pas besoin de faire
bouillir l'animal. Après tout il ne faut pas discuter
des goûts. M. Cameron, dans son récent voyage
à travers l'Afrique équatoriale, cite des tribus
noires qui mangent leurs morts après les avoir
laissé quelque temps se décomposer dans la terre.
Les pêcheurs des côtes septentrionales de l'Angleterre tiennent en haute estime le cormoran quand
il a été *enterré* un jour ou deux. Le cormoran est
une merveilleuse combinaison de graisse et d'huile
qui, entres autres fumet, exhale un parfum prononcé
de poisson putréfié. La science culinaire peut assurément triompher de bien des choses ; il est douteux
cependant que tous les Vatel de la terre parvins-
sent à enlever à cet oiseau son goût particulier
d'huile rance.

Nos bons aïeux entendaient peu de chose à la migration des oiseaux, et la disparition annuelle de certaines espèces avait donné lieu chez eux à une foule de théories étranges. Le savant Danois Pontoppidan admettait comme article de foi que les hirondelles demeuraient sous l'eau tout l'hiver. « Chacun sait, dit-il, qu'à l'approche de l'hiver, après qu'elles ont un peu crié à droite et à gauche, ou qu'elles ont, comme on dit, chanté leur chanson d'hirondelle, elles s'envolent en troupes et se plongent dans des lacs d'eau douce, le plus ordinairement au milieu des herbes et des roseaux, d'où elles ressortent au printemps pour reprendre leurs anciennes demeures. »

Cette « vérité incontestable » avait été un peu auparavant contestée par George Edwards, qui est en conséquence attaqué avec beaucoup d'acrimonie par le prélat naturaliste. Il existe sur ce sujet un curieux petit ouvrage intitulé : *Essai sur la solution probable de la question : D'où vient la cigogne ?* Ce traité est une véritable interprétation ornithologique du passage de Jérémie : « La cigogne dans le ciel connaît son temps fixe, et la tortue et la grue et l'hirondelle connaissent l'époque de leur venue (ch. viii, v. 7). » L'exemplaire que nous avons sous les yeux est malheureusement sans date, mais il est probable qu'il a été écrit vers 1630. C'est un assez bon échantillon d'un siècle où, pour expliquer les phénomènes de la nature, on recourait à la critique biblique et aux spéculations subjectives, de préférence aux phénomènes eux-mêmes. Dans les argumentations de ce siècle, et même dans la conversation usuelle, on faisait un singulier abus de textes de l'Écriture et surtout de l'Ancien Testament. Feuilletez les mémoires de la collection Somers, et vous ne trouverez pas un discours, pas un pamphlet qui ne regorge de citations bibliques. Un politique ambitieux monte-t-il à l'échafaud, un patriote tire-t-il l'épée du Seigneur et de Gédéon, un avocat défend-il la pérogative royale, un bel esprit envoie-t-il à une élégante lectrice un exemplaire de ses poésies légères, chacun de son côté montre une connaissance des plus familières des textes de l'Écriture.

L'auteur de l'enquête sur la conduite de la cigogne est de première force en ce genre. — Il rejette la croyance populaire rapportée par Pontoppidan. Soyez sûr, dit-il avec beaucoup de raison, que les hirondelles préfèrent des quartiers d'hiver un peu plus chauds que la vase des rivières. En outre, si réellement elles s'abandonnaient à un sommeil aussi long, est-ce qu'elles ne seraient pas plus tristes et plus lentes au moment d'aller se coucher? Cependant c'est tout le contraire, « leur gaieté alors semble indiquer qu'elles ont en vue quelque but plus noble, qu'elles vont accomplir quelque grand projet. Et puis, comme les mots de la Vulgate sont *tempus itineris,* le *voyage* qu'elles font doit être un voyage assez lointain, et tel ne serait pas le cas si elles allaient seulement se blottir au fond du marais voisin. »

On croirait, en entendant cet argument, que notre naturaliste touche déjà du doigt le fait scientifique de la migration. Il n'en est rien. Il ne peut pas s'en tenir à un compromis si peu savant ; le fait est beaucoup trop simple et trop clair pour qu'il l'accepte. « Je dis donc, reprend-il, que les divers oiseaux qui exécutent de tels changements et observent des saisons fixes *passent et repassent entre cette terre et la lune.* Ils viennent directement sur nous quand la nature s'offre belle à leurs regards à travers l'atmosphère. » Et cette conclusion, à laquelle l'auteur arrive par la méthode *a priori*, se trouve, dit-il, vérifiée de la manière la plus satisfaisante dès qu'on veut bien prendre la peine de considérer les faits suivants (admirez

comme au dix-septième siècle les faits devenaient flexibles et élastiques, et avec quelle bonne
grâce ils se prêtaient aux ingénieuses spéculations
des savants) : « en premier lieu, personne n'a jamais vu de ces oiseaux sur la terre en dehors de
leurs saisons. Or, s'ils ne sont pas sur la terre, où
peuvent-ils être, sinon dans la lune ? En second
lieu, leur arrivée chez nous est si soudaine et si
simultanée, qu'ils doivent se laisser tomber tous
ensemble de quelque région supérieure ; or, quelle
autre région leur est plus propice que la lune ?
En outre, leur chair, quand ils arrivent, est d'une
qualité toute différente de ce qu'elle est plus tard.
Les premiers mâles spécialement n'ont pas de
sang,

> « D'une ruche divine ils ont pillé le miel
> Et satisfait leur soif avec le lait du ciel. »

« En d'autres termes, ils ont eu une nourriture
toute particulière pendant leur séjour dans les
régions supérieures. Enfin le texte de Jérémie
ne dit-il pas expressément *dans le ciel?* Ces mots
signifient évidemment que la cigogne émigre dans
la lune, astre qui, nous le savons tous, est *dans*
le ciel, tandis que notre place est.... » (la suite
manque dans le texte).

Il faut naturellement trois ou quatre mois aux voyageurs aériens pour accomplir leur voyage, et il y a encore d'autres petites difficultés insignifiantes que la merveilleuse naïveté du dix-septième siècle tranche très·facilement. « Il demeure donc évident que la cigogne se rend effectivement et reste dans un des corps célestes, et que ce corps doit être la lune... » C'est le Q. E. D., *(quod erat demonstrandum,)* de l'école.

L'ouvrage de George Edwards sur les oiseaux date du milieu du siècle dernier ; le premier volume parut en 1743. Les doctrines étranges de l'auteur sur la disparition annuelle de certaines espèces sont d'ailleurs extrêmement élastiques, car s'il admet résolûment que les hirondelles et les cigognes émigrent dans la lune, il ne pense pas de même à l'égard des oiseaux de mer de passage ; ceux-ci se tiennent simplement cachés pendant l'hiver.

« Je crois, dit-il, que la plus juste conjecture qu'on puisse faire sur la manière dont ils se cachent et se tiennent à l'abri durant les longs et froids hivers de ces climats, c'est qu'il existe dans les côtes rocheuses de ces îles des cavernes sous-marines, dont l'ouverture est assez élevée pour qu'elles offrent une retraite sèche, propre à conserver ces oiseaux dans une espèce de torpeur pendant l'hiver. La mer s'étendant devant la bouche de ces cavernes, et celles-ci ayant au-dessus d'elles une énorme épaisseur de montagne, leur capacité intérieure se trouve garantie des froids rigoureux, circonstance à laquelle ces oiseaux doivent d'être préservés. A la fin du printemps, le retour du soleil qui se réfléchit for-tement dans l'eau auprès de la bouche de la ca-verne peut ranimer ces animaux et les tirer peu à peu de leur état d'anéantissement jusqu'à leur rendre la vie et le mouvement (1). »

Telles étaient les idées entretenues par des na-turalistes intelligents, il y a un siècle !

Des notions très-curieuses sur la génération de certains oiseaux avaient encore cours à une date relativement récente. Pontoppidan, tout en décla-rant qu'il ne croyait pas, pour son compte, que les

---

1. *Natural History of Birds*, by George Edwards. Vol. IV, p. 220. La dédicace de cet ouvrage est une curiosité littéraire :

A DIEU

« L'Éternel! l'Incompréhensible ! l'Omniprésent, Omniscient et Omnipotent Créateur de tout ce qui existe ! depuis les mondes incommensurablement grands jusqu'aux plus petites particules de matière, cet atome est dédié et offert avec toute la gratitude, l'humilité, l'adoration possibles et l'admiration la plus haute de corps et d'esprit,

« Par sa très-résignée, très-vile et très-humble créature

« George Edwards. »

5

canards « poussassent sur les arbres, » admettait pourtant que telle était la croyance populaire.

Harrison n'était pas si défiant, il raconte la chose en grand détail :

« Si je disais comment ces oiseaux ou d'autres à peu près de la même espèce sont venus au monde dernièrement (car le lieu n'est pas toujours le même, cela dépend des circonstances) à l'embouchure de la Tamise, peut-être y a-t-il des gens qui ne me croiraient pas. Le fait a cependant été observé. On a vu ces oiseaux naître sur les branches flexibles d'un arbuste situé près de la côte, et, au moment venu de voler de leurs propres ailes, tomber dans l'eau salée et vivre, ou sur la terre sèche et mourir, — ainsi que Pena l'a également rapporté. »

Mais l'origine de la barnache fut une affaire d'un intérêt bien plus national, en raison des considérations religieuses qui pouvaient s'y rattacher.

« Ni les habitants de cette île, ni ceux d'Irlande, dit Harrison, ne peuvent dire à coup sûr si ces oiseaux (les barnaches) sont chair ou poisson, car, bien que les religieux de ces pays aient l'habitude de les manger comme poisson, cependant ailleurs beaucoup de gens ont été inquiétés comme hérétiques pour en avoir mangé en temps prohibé. »

Rien d'étonnant donc que notre auteur ait cherché à s'éclairer sur une question aussi délicate. Malheureusement pour les adeptes de l'*ichthyophagie* ses recherches ne sont pas très-favorables à la théorie *ichthyologique*.

« Pour ma part, continue-t-il, j'ai désiré très-ardemment savoir comment les barnaches sont procréées, et j'ai questionné là-dessus diverses personnes. Au mois de mai de cette présente année de grâce 1584, allant en bateau de Londres à Greenwich, je vis à l'ancre dans la Tamise plusieurs navires revenant de Barbarie ou des îles Canaries. Sur les flancs de ces navires j'aperçus une quantité de coquillages telle qu'ils se touchaient entre eux. Notre bateau s'étant approché, j'en pris dix ou douze des plus grands, et, les ayant ouverts, je vis dans l'un d'eux, plus parfait que dans tous les autres, l'embryon d'un oiseau. Certainement les plumes de la queue dépassaient la coquille d'au moins deux pouces. Les ailes (presque parfaites quant à la forme) étaient garanties par deux parois bien adaptées ; la poitrine avait aussi une couverture de la même substance que la coquille. Cet oiseau ressemblait à la figure qu'en donnent Lobell et Pena. De sorte que je suis persuadé que c'est la barnache, ou quelqu'autre oiseau de mer encore inconnu chez nous, qui est ainsi engendrée dans ces coquillages. Car aux plumes apparentes et à la forme de l'animal on ne saurait nier qu'un oiseau quelconque ne procède de cette substance, et il se peut qu'en tombant des flancs des navires dans les longs voyages, il finisse par se compléter (1). »

Les *euphuistes*, entre autres méfaits, inventèrent un nouveau système d'histoire naturelle. Par une double trahison contre la science et la langue, ne pouvant pas trouver, dans le monde véritable, de faits assez absurdes pour correspondre à leurs idées étranges, ils créaient le fait pour avoir un objet de comparaison.

A défaut d'*Euphues* on pourrait écrire, avec l'*Ornithologie de Lily*, un article intéressant autant que curieux sur les mœurs de certaines espèces d'oiseaux. Lily, le coryphée de cette secte *précieuse* (que Walter Scott a mise en scène dans son roman *le Monastère*), était le principal coupable, mais toute la bande a été complice, jusqu'à Stephen Gosson, qui, en sa qualité de puritain, aurait dû être moins crédule.

« Aristote pense, dit ce dernier (dans *The School*

1. Harrison. *Description of England.*

of abuse), que, pendant les grands vents, les abeilles portent de petites pierres dans la bouche pour lester leur corps afin de ne pas être emportées ou retenues hors de leurs ruches. La grue se repose, dit-on, sur une patte et tient dans l'autre un caillou. Quand le sommeil vient gagner l'oiseau, le caillou en tombant à terre fait du bruit et l'éveille, et voilà comment la grue est toujours sur ses gardes à l'approche de l'ennemi. Les oies sont de sots oiseaux, cependant quand elles volent au-dessus du mont Taurus, elles font preuve de grande sagesse pour ce qui est de leur sûreté personnelle, car elles s'emplissent le gosier de gravier pour s'empêcher de crier, et grâce à ce silence, elles évitent les aigles. »

Sir Thomas Browne a pris cette singulière ornithologie à partie dans son charmant livre *Pseudodoxia epidemica*, où il la discute avec la gravité naïve qui lui est propre. Le chant de mort du cygne est, il l'admet, une croyance d'une grande antiquité, mais qui ne repose sur aucune autorité suffisante. « Ce n'est pas cette musique qui guérira jamais, dit-il, l'individu piqué de la tarentule. »

Leland, dans son *Itinéraire*, essaye d'arranger la chose. « L'esprit de l'oiseau mourant, dit-il,

dans ses efforts pour franchir le long et étroit passage du cou de l'animal, fait un bruit comme si
celui-ci chantait en effet. » La vieille histoire du
chant du cygne est venue sans doute de la construction remarquable du conduit respiratoire de
l'oiseau. Cet organe, très-peu approprié à l'instru-
mentation musicale, comme l'a prouvé M. Yarrel,
est bien plutôt fait, ainsi que sir Thomas Browne
le suppose, « pour contenir une plus grande quantité d'air, afin que l'oiseau puisse rester plus longtemps la tête submergée quand il va chercher sa
nourriture au fond de l'eau. »

Croire que les cigognes ne vivent que dans les
républiques ou dans des États libres est une autre
hérésie scientifique que sir Thomas Browne, malgré
toutes ses antipathies aristocratiques, ne parvien-
dra jamais à défendre. Le prophète Jérémie, dans
le passage cité plus haut, parle de la cigogne, et
Jérémie cependant vivait sous un gouvernement
monarchique. Naturellement, si la cigogne mani-
festait les opinions radicales qu'on lui impute, le
prophète n'aurait pas pu faire sa connaissance et
ne l'aurait pas présentée sous des couleurs aussi
flatteuses.

Dire de la chair du paon qu'elle ne se corrompt
pas est un préjugé qui ne souffre pas même la dis-

cussion, mais dire que « le paon est honteux de ses pieds, » c'est une calomnie contre le Créateur et la créature. — Si le lecteur veut des réfutations plus détaillées de ces hérésies ornithologiques et autres semblables, qu'il recoure au livre lui-même. Le charme particulier de l'ouvrage consiste surtout en ce que les explications de son très-respectable auteur sont souvent plus étranges et plus surannées que les fictions auxquelles il s'attaque. Il savait assez bien voir par où péchaient les choses ; mais, avec ses théories singulières, il se jetait parfois dans des aberrations plus grandes que s'il se fût contenté d'accepter simplement « l'erreur vulgaire. »

L'ADJUDANT.

La famille des cultrirostres possède parmi ses membres une autre créature emplumée non moins étrange, non moins bizarre que la cigogne blanche et la cigogne noire, un échassier au long cou surmonté d'une tête charnue, rugueuse, pourvue d'un énorme bec, tantôt marchant avec une dignité comique, tantôt se tenant debout sur une ou deux jambes-échasses avec un air de gravité aviné, puis s'asseyant sur toute la longueur de ces jambes étendues, et se reposant, comme on vient de voir que faisait la *ciconia nigra*. Il y a maintenant quelque quatre-vingts ans que cette singulière bête fut présentée aux ornithologistes d'Europe. On la nommait d'abord communément « adjudant, » titre qu'on lui donnait à Calcutta. Le docteur Latham, dans son Tableau général synoptique, décrivit le premier cet adjudant du Bengale, — l'argala des naturels, sous le nom de « grue gigantesque. » Mais, à vrai dire, il n'y a pas moins de trois espèces de ces dignitaires, formant un groupe naturel de cigognes monstrueuses, non-seulement respectées comme la cigogne blanche à cause des services qu'elles rendent à l'homme, mais encore estimées pour leurs belles plumes appelées « marabouts, » du nom donné au Sénégal à l'espèce africaine. L'expérience de Latham fait apprécier la légèreté de ces plumes duveteuses arrachées des flancs au-dessous de l'aile et sous la queue de l'oiseau, pour venir ondoyer sur le front de la beauté, où elles se balancent à chaque souffle de l'air. Il en pesa une qui avait trente centimètres de long et dix-huit de large, et dont le poids n'était que de quarante-huit centigrammes.

Temnink, dans ses *Planches coloriées*, a très-

bien fait sentir la différence entre le marabout d'A-
frique, l'argala du continent asiatique, et l'espèce
insulaire, — probablement le bourong-cambin ou
bourong-oular de Marsden, — qui habite Java et
les îles avoisinantes. L'espèce javanaise que distingue le docteur Horsfield, est sans doute la même
que celle de Sumatra.

Inférieurs aux vautours seulement dans la voracité avec laquelle ces boueurs emplumés font
leurs aliments des substances les plus dégoûtantes,
les adjudants et les marabouts sont à l'abri de toute
persécution et se promènent tranquillement parmi
les habitations des hommes, comme étant les des-
tructeurs privilégiés de tous les détritus et immon-
dices. La charogne, les viandes et les os, toute chose
enfin qui peut offenser la vue ou l'odorat, entrent
dans la panse omnivore du « Grand-Gosier, » du
« Mangeur d'os, » du « Ramasseur de carcasses, »
comme, en certains endroits, on nomme ce vorace
utilitaire. Les serpents, les lézards, les grenouilles,
les petits quadrupèdes et les oiseaux ont peu de
chance de salut quand ils tombent sur son chemin ;
et comme le volume du dévorant exige un ample
approvisionnement, sa consommation d'êtres vivants ou morts est énorme.

Mais pourquoi, nous demanderez-vous, a-t-on

appelé cet oiseau « adjudant ? » il a plutôt l'air d'un vétéran, ce me semble.

D'accord : mais sans parler de sa démarche grave et solennelle, regardez-le de loin et reportez-vous, par les gravures du temps, aux anciens uniformes de l'armée britannique : « Je me suis laissé dire, écrit Latham, que l'oiseau a reçu ce dernier nom d'adjudant à cause de sa ressemblance, quand on le regarde de face et à distance, avec un militaire en gilet blanc et culottes blanches. »

Perchant très-haut et volant à une hauteur considérable, de manière à donner à son regard une immense portée pour apercevoir à terre quelque charogne à enlever, cette espèce de cigogne est douée d'une vue perçante et possède de robustes ailes pour l'aider à se maintenir dans l'air. Une poche cervicale ou sternale, plus ou moins développée dans chaque espèce, pend de plus de 30 centimètres chez l'argala, mais beaucoup moins chez le marabout. Cette poche, ainsi que la peau derrière la tête, peut s'enfler à la volonté de l'oiseau et toutes deux, assurément, contribuent à la légèreté de son vol. De son haut perchoir, il regarde en bas, comme un bandit des montagnes du haut de son rocher. Voici, à ce propos, une dernière histoire :

De presque toutes les créatures vivantes, on peut

faire des favoris domestiques, et Smeathman eut
l'occasion de voir un marabout qui était arrivé à ce
rang élevé. Perché au haut des cotonniers, l'oiseau
restait immobile jusqu'à ce qu'il découvrît du plus
loin les domestiques apportant les plats du dîner. Il
descendait alors et prenait place derrière la chaise
de son maître. Mais il n'était pas facile de tenir au
repos une aussi fâcheuse machine que son énorme
bec, en présence de tant de bonnes choses, et les
domestiques étaient armés de badines pour l'empêcher de se servir lui-même. Cependant, malgré
leur vigilance, de temps en temps, un oiseau rôti
disparaissait tout entier du plat et s'engloutissait
d'une seule goulée dans l'immense gosier du favori.

Les jabirus (mycteria), dont on compte trois espèces , — en Asie, dans l'Amérique du Sud et dans
l'Australie, — sont étroitement liés à la famille
des cigognes et particulièrement au genre gigantesque que nous avons essayé d'esquisser. Le ja-
biru du Sénégal a le bec rouge à la pointe, noir au
milieu, deux petites pendeloques charnues à la
base, les jambes vertes, les articulations roses, le
plumage blanc, la tête et le cou noirs.

III

L'HIRONDELLE.

ʽUn dessin grec antique, reproduit par la gravure et bien connu des archéologues, représente trois personnages. Celui de gauche est un jeune homme à la fleur de l'âge, qui s'écrie en montrant un oiseau au-dessus de sa tête : « Voilà une hirondelle ! » Le personnage du milieu est un homme mûr ; assis comme le premier, il vient de lever la tête, et répond : « Par Hercule ! c'est vrai ! » — « La voici ! » dit au même instant un enfant debout, le doigt dirigé vers l'oiseau bien-aimé. Puis, comme corollaire à ce qui précède, le plus âgé des trois reprend : « Le printemps est venu. » Cette scène se retrouve à peu près dans ces mots d'Aristophane : Σκεψαςθαι παιδες (1).

Wilson dit de l'hirondelle de grange de l'Amérique (2) : « Dès qu'elle paraît, nous saluons sa

1. *Les chevaliers.*
2. *Hirunda rufa.* Gon. *Hirundo americana.* Wilson.

venue avec joie, comme l'avant-courrière du printemps fleuri et la compagne des chauds étés ; et quand, après les gelées d'un hiver rigoureux, on vient nous annoncer le retour des hirondelles, combien d'idées fraîches et gracieuses découlent de cette simple nouvelle ! » Le cœur humain battait de la même émotion dans la poitrine de l'ancien Grec et dans celle de l'Américain moderne.

L'oiseau américain a dix-sept centimètres de long et trente-deux centimètres d'envergure. Le bec est noir ; la partie supérieure de la tête, le cou, le dos et la naissance de la queue sont d'un bleu métallique qui descend et contourne la poitrine. Le tour du bec est marron foncé, le dessous des ailes et le ventre marron clair. Les ailes et la queue sont d'un noir rougeâtre ou couleur suie, avec des reflets verts. La queue se bifurque profondément, car les deux dernières plumes latérales sont de quatre centimètres plus longues que les plumes voisines et se terminent en pointe. Chaque plume, à l'exception des deux du milieu, porte sur le côté interne une marque blanche oblongue. Les yeux sont brun foncé, les coins du bec jaunes, et les jambes rouge brun. Voilà pour le mâle.

La femelle diffère de celui-ci en ce qu'elle a le ventre blanchâtre, légèrement pommelé, et que les dernières plumes de sa queue sont moins longues que celles du mâle.

Ces oiseaux mettent à peu près une semaine à construire leur nid, qu'ils commencent dès les premiers jours de mai. C'est un cône renversé, partagé perpendiculairement sur la face adhérente au bois. Le bord supérieur s'évase comme une sorte de balcon où se repose à l'occasion le mâle ou la femelle. Il a par le haut de douze à quinze centimètres de diamètre, et sa hauteur extérieure est de dix-sept centimètres. Les parois, d'environ vingt-cinq millimètres d'épaisseur, sont faites de boue mêlée à du foin très-fin, comme les maçons mêlent du crin à leur mortier pour le rendre plus adhérent. Ce mélange semble avoir été posé par couches régulières. L'intérieur du cône est tapissé de menu foin bien cardé, sur lequel est placée une poignée de larges plumes d'oie très-duveteuses. Sur ce lit moelleux reposent cinq œufs marqués de petites taches brunes rougeâtres. Le léger ton de chair qu'on voit répandu sur l'œuf vient de la transparence de la coquille.

Le 16 mai, étant à la chasse sur le sommet du mont Pocano, dans le Northampton, alors que la glace, ce matin-là et les jours suivants, avait plus de six millimètres d'épaisseur, Wilson remarqua

avec surprise un couple de ces hirondelles qui avait
élu domicile dans une misérable cabane. Le soleil
venait de se lever, la gelée blanchissait le sol, et
le mâle, perché sur le toit, à côté de sa femelle,
gazouillait et chantait avec une gaîté parfaite. Le
propriétaire du lieu raconta au chasseur naturaliste
que, chaque saison, un seul couple venait régulièrement bâtir son nid sur une poutre qui s'avançait sous la gouttière, à deux mètres environ
de terre. Au bas de la montagne, dans une
dépendance d'une taverne, Wilson compta vingt
nids paraissant tous occupés. « Jamais, dit-il,
je n'ai rencontré d'hirondelles dans les bois ;
mais, dès qu'on approche d'une ferme, on en
voit un grand nombre remplissant l'air de leurs
évolutions et de leurs cris. Il n'est pas une grange
qui n'ait son nid d'hirondelles, et, comme le préjugé populaire est généralement favorable à ces
oiseaux, on les dérange rarement. »

Le propriétaire de la grange dont nous venons
de parler, un Allemand, assura à Wilson que
l'homme qui laisserait tuer une hirondelle verrait
le lait de ses vaches tourner en sang, et que la
grange où nichent ces oiseaux n'a jamais à redouter
la foudre. « — Je feignis de le croire, ajoute l'aimable et gracieux écrivain ; chaque fois que la

superstition tourne au profit de l'humanité, on peut bien la respecter. »

Tout le monde connaît l'hirondelle de cheminée (1). Le bruit que font les oiseaux lorsqu'ils montent et descendent dans les tuyaux ressemble au grondement lointain du tonnerre. Dans les années de pluies abondantes et continues, le nid se détache de la muraille. Quand ce malheur arrive pendant la période d'incubation, les œufs sont naturellement détruits dans la chute ; mais la prévoyante nature a pourvu à la sûreté de la nichée, si le désastre arrive avant qu'elle soit en état de voler. La puissance musculaire des pattes chez les petits et la force de leurs ongles aigus est remarquable, même avant qu'ils voient clair, et, surpris par leur chute, les infortunés s'agrippent à la muraille, s'y cramponnent comme des écureuils, et, dans cette situation, ils sont souvent nourris par leurs parents pendant une semaine et plus.

M. Churchman, correspondant de Wilson, vit un soir plus de deux cents hirondelles entrer dans un tuyau. Un chat vint sur le toit et se plaça près de la cheminée, où il essaya, mais en vain, de prendre les oiseaux au passage. Son peu de succès

---

1. *Hirundo pelasgica.* Linn.

lui fit chercher une autre embuscade, et il prit position sur le faîte du tuyau. Les oiseaux intrépides continuèrent leurs spirales descendantes, sans paraître faire aucune attention à leur ennemi et malgré ses efforts pour les attraper. « Je fus heureux, ajoute le bon M. Churchman, de voir que tous échappèrent à ses griffes. »

Wilson, qui était un observateur scrupuleux, dit qu'il n'a jamais vu les hirondelles hanter les cheminées de cuisine, où l'on fait du feu l'été. Si elles y entrent, ce n'est que pour les explorer ; car il remarqua qu'elles en ressortent immédiatement dès qu'elles y trouvent du feu et de la fumée.

Parlons maintenant du « martinet pourpré (1), » variété appartenant plus particulièrement aux États-Unis d'Amérique. Pour cet oiseau bien-aimé, on place des boîtes en dehors des maisons. C'est dans ces logements confortables qu'il dépose quatre œufs blancs, sans tache et très-petits relativement à sa taille.

Du reste, il paie bien l'hospitalité qu'on lui donne.

« Le martinet pourpré, dit le même auteur, M. Churchman, comme son parent l'alcyon, est la

____

1. *Hirundo purpurea*. Linn, *Pogne purpurea*. Boie.

terreur des corbeaux, des faucons et des aigles : partout où ils se montrent il les attaque avec une audace et une vigueur telles qu'ils sont forcés de prendre la fuite. Ce fait est si bien connu des petits oiseaux et des volatiles domestiques, que, dès qu'ils entendent la voix du martinet engagé dans un combat, chez eux l'alarme et la consternation sont au comble. C'est un étonnant spectacle que de voir avec quelle ardeur et quelle témérité cet oiseau attaque et harcèle le faucon et l'aigle. Il donne aussi à l'occasion quelques bonnes leçons à l'alcyon, quand il le trouve trop près de ses domaines, bien qu'en tout temps il s'unisse à lui pour attaquer l'ennemi commun. »

Lord Byron mangeait rarement de viande, si tant est qu'il en mangeât jamais. Assis un jour en face de Thomas Moore, qui dévorait à belles dents un savoureux beefsteak, il lui demanda si un pareil régime ne le rendait pas sauvage. La stimulante nourriture du martinet pourpré diffère de celles des autres hirondelles d'Amérique : les guêpes et les libellules sont ses mets favoris. Wilson trouva quatre de ces derniers insectes dans l'estomac d'un martinet.

Mais, quelque grande que soit la tentation, laissons là les autres variétés de l'hirondelle américaine pour revenir à celle de nos climats, à notre propre hirondelle.

Elien et Plutarque déclarent que la mouche et l'hirondelle sont les seuls animaux qui ne puissent être apprivoisés. A ces deux êtres rebelles à l'éducation, Pline ajoute l'espèce des souris et des rats.

Ce n'est point ici le lieu de discuter si, en raison des temps, les hirondelles sont devenues plus civilisées et plus dociles, ou bien si l'homme est parvenu à une plus grande perfection dans l'art d'apprivoiser les animaux ; mais, ce qu'il y a de certain, c'est que, dans la servitude, les hirondelles deviennent très-familières, et que c'est aux observations faites en pareilles circonstances que nous devons de savoir que leur mue arrive en janvier et février.

En septembre 1800, le révérend Walter Trevelyan adressa de Long-Witton, dans le Northumberland, à l'éditeur des « *Oiseaux de la Grande-Bretagne, de Bewick (Bewick's British Birds)*, une lettre où se trouve le récit suivant, modèle de simplicité, de grâce et de clarté :

« Il y a environ deux mois, écrit le digne pasteur, qu'une hirondelle tomba dans l'une de nos cheminées. Elle avait presque toutes ses plumes et put voler au bout de deux ou trois jours. Les enfants voulurent essayer de l'élever, ce à quoi je consentis dans la crainte de la voir abandonner par ses parents. Comme elle n'était point du tout effrayée, ils y réussirent sans difficulté, car elle ouvrait le bec pour recevoir les mouches autant qu'ils pouvaient lui en fournir, et elle obéissait régulièrement au sifflet pour venir prendre ses repas. Quelques jours après, une semaine peut-être, ils prirent l'habitude de l'emporter avec eux dans les champs, et à mesure que chaque enfant attrapait une mouche et sifflait, le petit oiseau allait de l'un à l'autre chercher sa proie. Souvent il s'élevait dans l'air et volait autour d'eux, mais il descendait toujours au premier appel, malgré les constants efforts que les hirondelles sauvages faisaient pour le séduire. Elles se mettaient, plusieurs à la fois, à voler en tous sens autour de lui pour tâcher de l'emmener, quand elles le voyaient sur le point de s'abattre sur les doigts que lui tendaient les enfants avec quelque appétissant morceau. La plupart du temps, lorsqu'ils allaient loin dans la campagne, l'oiseau venait se poser sur eux, même sans qu'ils l'appelassent. »

Quel charmant tableau d'innocence et de douceur, rehaussé encore par l'anxiété des vieilles hirondelles et leurs efforts pour éloigner le petit favori de ces êtres qu'elles regardaient sans doute comme autant de jeunes ogres ! Il est vrai que les mouches, victimes de l'hirondelle, viennent bien jeter quelques ombres sur l'effet général ; mais poursuivons le récit.

« Jamais notre petit hôte ne fut retenu prisonnier dans une cage ; il allait librement dans l'appartement, partout où étaient les enfants et jamais ceux-ci ne sortaient sans l'emmener avec eux. Il se posait parfois sur leurs mains ou sur leur tête, attrapant lui-même les mouches au passage, ce qu'il finit par faire avec une grande habileté. A la fin, trouvant que le soin de sa nourriture leur prenait trop de temps, car il était insatiable (je suis persuadé qu'il mangeait de sept cents à mille mouches par jour), ils le mirent dehors deux ou trois heures durant, fermant les fenêtres pour l'empêcher de rentrer afin qu'il apprît à chasser tout seul, ce qu'il fit bientôt.

« Cependant il n'en resta pas moins apprivoisé ; il répondait toujours à leur appel, et, de son propre mouvement, il venait à eux par la fenêtre plusieurs fois par jour. Il perchait toujours dans leur chambre et il n'a cessé de le faire que depuis une dizaine de jours. Il se posait constamment sur la tête des enfants jusqu'à ce qu'ils se missent au lit.

Les mouvements de l'enfant, la marche même ne le dérangeaient aucunement, et il restait là parfaitement tranquille, la tête sous son aile, jusqu'à ce qu'on le mît, pour la nuit, dans quelque coin bien chaud, car il aimait beaucoup la chaleur. »

Mais les soins délicats qu'on prit pour éloigner l'oiseau familier de ses petits amis produisirent leur effet.

« Il y a maintenant quatre jours, dit en terminant le digne M. Trevelyan, qu'il n'est venu coucher à la maison, et, bien qu'alors il ne montrât aucun symptôme de crainte, il est cependant devenu évidemment moins privé, puisqu'il ne vient plus au sifflet se poser sur la main. Il ne nous visite pas non plus comme autrefois, mais il se fait reconnaître néanmoins par son gazouillement et sa manière de voler tout près de nous. Pendant à peu près six semaines, rien ne pouvait surpasser sa familiarité, et je ne doute pas qu'il n'eût continué si nous ne l'avions pas laissé le plus possible à lui-même, de peur de le voir devenir si complétement privé qu'il restât ici au temps de la migration et que, dans l'hiver, il ne mourût par conséquent de froid et de faim. »

Ainsi se termine cette charmante histoire. Mais

l'oiseau ne serait pas mort pour être resté ; car, bien que le fait soit rare, on cite quelques cas d'hirondelles privées, ayant été gardées dix-huit mois et même deux ans.

Wilson a prouvé que l'hirondelle de grange de l'Amérique peut s'apprivoiser facilement, et il a remarqué qu'elle devient aussi excessivement douce et familière. Il en a souvent gardé dans sa chambre plusieurs jours de suite. Elles passaient leur temps à attraper les mouches ; elles venaient les saisir sur ses habits et sur ses cheveux, et elles appelaient de temps en temps lorsqu'elles voyaient passer devant les fenêtres quelques-unes de leurs anciennes compagnes.

Mais, en somme, c'est chose délicate, que de dompter le caractère d'un être si essentiellement libre. Examinez l'oiseau : voyez la ténuité de ses jambes et de ses pattes ; voyez comme toute sa structure est appropriée à l'existence aérienne ! Quel prodigieux développement des ailes ! Quels muscles puissants pour en mouvoir le mécanisme et faire que l'oiseau plane des heures entières et sillonne l'espace en tous sens avec la rapidité et la variété d'évolutions que réclame la course bizarre de sa proie ! A peine si l'œil peut le suivre. En fait de vélocité, Virgile et l'Arioste n'ont pas trouvé de meilleur exemple à citer que le vol de l'hirondelle.

On peut se figurer l'innombrable multitude d'insectes que détruit un couple d'hirondelles pour nourrir ses petits, quand on songe à l'immense quantité de mouches absorbées journellement par l'oiseau privé de M. Trevelyan. Théocrite, le poète de la nature, a consigné cette remarque dans sa xiv⁵ idylle.

La fable s'est aussi emparée de l'hirondelle, et les vers et la prose ont célébré les infortunés des filles de Pandion. Il y a même, sur cet oiseau, certaines histoires racontées avec une évidente bonne foi, qui ne laissent pas d'être amusantes : celle, par exemple, où Pline nous montre des digues construites tout entières par des hirondelles pour parer aux inondations du Nil.

C'est sans doute en récompense de si grands services que, toujours selon Pline et Elien, l'oiseau avait le don de ne jamais perdre la vue. On pouvait lui crever les yeux impunément, il lui en repoussait d'autres à mesure.

Il paraît que jadis la *blatte* était un insecte aussi pernicieux pour les œufs et les petits des hirondelles que, suivant les *Géorgiques*, il l'était pour les abeilles. Quand la blatte faisait invasion dans un nid d'hirondelles, vite les parents alarmés se précipitaient sur une touffe de persil et en coupaient quelques tiges, dont ils revenaieut tapisser leur domicile. Les insectes envahisseurs se hâtaient alors de déguerpir, et pas un n'osait montrer sa tête tant que la plante dentelée gardait la place.

Voulez-vous vous en convaincre ? Ouvrez Elien.

Mais si cette histoire de persil vous a trouvé incrédule, — et pourquoi refuser au persil la vertu de chasser la blatte ? — écoutez, s'il vous plaît, la longue liste des maladies que guérissent ces hygiéniques créaturés. La cendre de jeunes hirondelles, par exemple, mais d'hirondelles d'eau, remarquez bien, est un remède infaillible et souverain contre l'esquinancie mortelle. — Voulez-vous triompher de la fièvre quarte ? mangez un petit tout entier ; ou bien, s'il vous répugnait de manger tout l'oiseau, prenez seulement les cœurs de toute la nichée, hachez-les dans du miel et avalez le tout ; à moins que vous ne préfériez un drachme du contenu de leur estomac dans du lait de chèvre ou de brebis pris avant le quatrième accès.—Sentez-vous votre mémoire s'affaiblir ? faites-vous une potion de cœurs d'hirondelles, de cannelle ou de girofle, et vous verrez vos facultés briller d'un lustre nouveau. — Du sirop d'hirondelle pris à jeun, de la chair d'hirondelle pour régime constant et des cendres d'hirondelle mêlées à la boisson, voilà, pour les épileptiques, un traitement aussi infaillible que tous les remèdes secrets de nos jours. La faiblesse de la vue, les ophthalmies, les amygdalites sont les moindres des maux qui cédaient aux préparations d'hirondelles. Rien de bon comme leurs nids contre l'angine, rien de supérieur à leur sang contre la goutte.

En outre, on trouve dans l'intérieur des petits, en les disséquant, certaines pierres que vous verrez figurer, lecteur, dans la *Metallotheca Vaticana* de Michaël Mercati. Ces pierres ont la propriété de guérir les maladies de foie pour peu qu'on les suspende au bras droit du malade. Quant à celles qu'on ramasse dans le nid, elles préservent leur possesseur de toute espèce de rhume. Pour ce qui est des soins extérieurs de la toilette, l'homme qui, contre l'ordinaire, voudrait anticiper sur les ans, et le *ci-devant jeune homme* qui cherche à ressaisir les années écoulées, verront leurs désirs s'accomplir infailliblement s'ils veulent l'un et l'autre se soumettre au traitement hirundothérapique de Galien et de Marcellus Kiranides. En cas d'insuccès, il faudrait s'en prendre aux auteurs susnommés, à Pline, à Celse, à Jacob Olivarius, à Jérôme Montuus et autres savants médecins de l'antiquité et du moyen âge.

Mais, sérieusement, quoi qu'on puisse penser des nombreuses propriétés médicales que les anciens accordaient à l'hirondelle, il n'est pas permis de révoquer en doute la présence dans le corps des jeunes oiseaux ou dans leurs nids, de ces petites pierres, *lapilli*, mentionnées par Galien et autres, qu'autrement on ne verrait pas figurer dans un ouvrage comme la *Metallotheca Vaticana*. L'explication probable de ce phénomène, c'est que, pour aider la digestion de leurs petits, les parents leur donnent de temps en temps des doses de sable et de gravier, qui, par la cohésion, peuvent bien former ces pierres que rejettent les oiseaux ou qu'on trouve dans leur corps.

Ceci ressemble fort à une dissertation, et bien des lecteurs seront tentés, sans doute, de laisser là nos feuillets en pensant aux nombreuses espèces d'hirondelles qu'il nous reste à examiner ; mais qu'ils se tranquillisent : quelqu'intéressante que soit l'histoire de ces oiseaux, nous ne parlerons plus que d'une seule espèce d'hirondelle, si toutefois on peut l'appeler ainsi.

L'hirondelle de bois, *artamus sordidus*, le *be-*

wowen des aborigènes des plaines et montagnes de l'Australie occidentale, et le *ouorle* de ceux des îles de la Sonde, est aussi chérie de shabitants de cette cinquième partie du monde, que l'hirondelle proprement dite l'est des Européens. Aucun oiseau n'a soulevé plus de discussions chez les ornithologistes à systèmes. Latham en a fait une grive, Cuvier un *ocypterus*, et Wayler un *leptopterix*. Les colons de l'Australie ont été aussi bien inspirés en lui donnant le nom qu'il porte aujourd'hui parmi eux.

M. Gould attribue à cet oiseau des mœurs douces ; il choisit sa demeure et bâtit son nid près des maisons, surtout de celles qu'entourent des enclos et des pâturages bordés de grands arbres. C'est, ainsi que ce hardi voyageur et savant ornithologiste l'a remarqué le premier, au commencement du printemps, à la terre de Van Diémen. L'espèce y était très-répandue au nord du Derwent. Chaque arbre recélait une douzaine de ces oiseaux, toujours perchés par groupes de quatre ou cinq sur la même branche morte. Néanmoins leur nombre n'y était pas tellement grand qu'il pût être comparé à des bandes proprement dites. Chaque oiseau paraissait mu d'une volonté particulière, indépendante de celle du voisin. Chacun individuellement et à mesure que le besoin le poussait, ou s'élançait de sa branche à la poursuite d'un insecte, ou tournoyait au-dessus de l'arbre pour revenir ensuite occuper le même poste.

Cette habitude semble indiquer quelque parenté avec le gobe-mouche. Mais pour en revenir à M. Gould et le suivre dans ses observations, le naturaliste américain a remarqué que, pour s'enlever, l'oiseau fait mouvoir chaque aile l'une après l'autre, et donne à sa queue une inclinaison oblique avant de prendre l'essor. Il en a souvent vu quelques-uns rester perchés sur la haie de l'enclos où ils se précipitaient de temps en temps, comme font les étourneaux, pour y chercher des coléoptères et autres insectes. « Ce n'est pourtant pas, ajoute-t-il, dans cet état de tranquille immobilité que cet oiseau gagne à être vu ; ce n'est pas non plus à cette existence contemplative qu'il semble destiné spécialement ; car, bien que sa structure le rende plus propre que d'autres à vivre indifféremment à terre, sur les arbres ou dans l'air, la forme de ses ailes dénote une affinité particulière entre l'espace et lui.

« Aussi, continue le judicieux voyageur, quand il est à la poursuite des insectes qu'une douce chaleur fait sortir de leurs cachettes pour se jouer dans le milieu d'un feuillage et contempler de plus haut la splendeur d'un beau jour, c'est dans ces courses aériennes que, sillonnant l'air en tous sens avec une incomparable grâce, et déployant au vent les plumes blanches et noires de sa queue, cet oiseau magnifique étale aux yeux de l'amateur sa beauté véritable. »

Mais une autre habitude singulière, que cependant M. Gould n'a pas remarquée, et que M. Gilbert, son collaborateur, a observée à la rivière des Cygnes, c'est cette manière de se réunir et de se suspendre en groupes comme un essaim d'abeilles.

« Quelques oiseaux, dit-il, s'accrochent à une branche morte, et le reste de la troupe vient s'attacher aux premiers, en si grand nombre qu'on en a vu former des grappes de la grosseur d'un boisseau. »

Cette manière de se grouper est également commune aux hirondelles d'Europe. Sir Charles Wager raconte qu'un jour de printemps où il faisait des études de sondage dans le canal de la Manche, une énorme quantité d'hirondelles vint s'abattre sur tous les agrès de son bâtiment. « Il n'y avait pas, dit-il, un cordage qui n'en fût couvert. Elles se tenaient suspendues l'une à l'autre comme un essaim d'abeilles ; le pont en était rempli, ainsi que toutès les saillies du navire. Elles paraissaient épuisées de fatigue et de faim, et n'avaient que les plumes et les os ; mais la nuit répara leurs forces et elles s'envolèrent toutes le matin. »

Les pauvres voyageuses se dirigeaient évidemment sur le Nord et avaient dû traverser la France.

M. Gould rencontra en très-grand nombrè l'hirondelle australienne des bois dans la ville australienne de Perth, jusqu'au milieu d'avril environ. Puis elle disparut tout à coup et il n'en revit qu'à la fin du mois suivant, mais en troupes innombrables, volant de compagnie avec l'hirondelle commune et le martinet, au-dessus d'un lac situé à une vingtaine de kilomètres de la ville. Il y en avait une quantité telle que, comme un nuage épais, elles faisaient ombre sur le lac.

La voix de cet oiseau ressemble beaucoup, dit-il, à celle de nos hirondelles, mais elle est bien plus perçante. Selon le même auteur, il a l'estomac musculeux et vaste et se nourrit généralement d'insectes.

M. Gould ajoute qu'à la terre de Van Diémen on peut strictement le classer parmi les oiseaux émigrants. D'après ses observations, il y arrive en octobre, qui est le premier mois de l'été en Australie, et, après avoir fait au moins deux couvées, il repart en novembre pour les contrées du Nord. Il en reste quelques-uns tout le long de l'année, répandus sur le continent, dans toutes les localités favorables à leurs habitudes. Le nombre de ces derniers se règle sur la quantité d'insectes qui peuvent fournir à leurs besoins. Une remarque du même naturaliste, c'est que ceux de la rivière des Cygnes, de l'Australie méridionale et de la Nouvelle-Galles du Sud, ne présentent aucune différence pour la taille et la couleur, tandis que ceux de la terre de Van Diémen sont toujours plus grands et de couleur plus foncée.

Généralement, c'est de septembre à décembre qu'arrive pour ces oiseaux la saison de l'incubation. La situation de leurs nids varie singulièrement. Les uns seront cachés dans le feuillage épais d'un buisson, tout près de terre ; d'autres seront installés sur des branches dépouillées de feuilles, ou attachés à des troncs d'arbres, dans les trous de l'écorce et dans cent autres endroits. Le nid lui-même est assez simple, de forme ronde, ayant douze ou treize centimètres de diamètre et fabriqué de peti tes branches extrêmement minces, entrelacées de racines fibreuses. Les nids de la terre de Van Diémen sont en général larges, plus compactes et mieux construits que ceux du continent australien.

L'hirondelle d'Europe bâtit d'ailleurs aussi sur les arbres. Dans une planche de son intéressant ouvrage sur « les oiseaux de la Grande-Bretagne», M. Yarrell a représenté d'après nature un nid d'hirondelles commune bâti sur une branche de sycomore qui pendait très-bas au-dessus d'un étang à Moat, dans le comté de Kent, l'été de l'année 1832.

Suivant M. Gould, l'*artamus sordidus* pond quatre œufs, dont les taches varient beaucoup quant à la disposition ; ils sont d'un blanc terne un peu terreux , mouchetés d'un brun foncé. Dans quelques-uns, dit-il, on aperçoit la transparence d'une seconde série de taches grises qui semblent être à la surface interne de la coquille. Ils ont en moyenne vingt-trois millimètres de haut sur dix-huit de diamètre.

La tête, le cou, et tout le corps de l'oiseau sont d'un gris sombre ; les ailes d'un noir bleu foncé, et la partie extérieure de la seconde, de la troisième et de la quatrième grande plume est blanche. La queue est noire, nuancée de bleu, et toutes les plumes, sauf les deux du milieu, se terminent par une longue marque blanche. Les prunelles sont très-brunes et le bec est bleu avec la pointe noire. Les pattes ont la couleur du plomb. Le mâle et la femelle se ressemblent, mais la femelle est un peu plus petite. La longueur de l'oiseau est à peu près de quinze centimètres. Les petits ont une raie irrégulière d'un blanc sale au centre de chaque plume, en dessus et en dessous.

L'Aigle (P. 111).

L'AIGLE.

Il y a plusieurs années déjà, par une matinée exceptionnellement claire et belle du commencement d'avril, nous traversions les pelouses de Regent's Park, à Londres, humant les premières brises tièdes de la saison. C'était le printemps, l'heure de l'année où chaque bouton s'entr'ouvre, où chaque graine se gonfle. Alors la nature tout entière se régénère dans un suprême effort et nous rappelle le *grand œuf de la Nuit*, qui flottait dans le chaos et qui fut brisé par les cornes du taureau céleste.

Tous les œufs de notre globe où s'agite un principe de vie allaient bientôt se briser aussi, et notre promenade finit par nous amener devant la cabane des pauvres aigles à tête blanche, *haliœtus leucocephalus*, prisonnier du Jardin zoologique.

Dans un nid grossier de paille, de branches, etc., construit sur le sol même de son appartement, la femelle couvait deux œufs pondus depuis une semaine, à trois jours d'intervalle.

Quelle prison pour un oiseau dont la demeure habituelle au sommet des roches aiguës qui s'élancent du lac, ou bien sur les rochers dont la cime commande les grands fleuves ou l'immensité de la mer ! les rives du Niagara sont un lieu de plaisance favori de l'aigle à tête blanche ou aigle chauve, dernier surnom qui n'est qu'un mensonge, car il n'est pas d'oiseau dont la tête soit mieux garnie de plumes. C'est de là qu'il guette le poisson et qu'il se précipite sur les cadavres des écureuils, des daims, des ours et des autres quadrupèdes qui, en voulant traverser la rivière au-dessus de la chute, ont été pris par le courant et entraînés dans la terrible cataracte.

C'est un puissant oiseau, d'un mètre de long et de plus de deux mètres d'envergure : on en a vu un prendre son vol avec un agneau de dix jours dans ses serres, mais qu'il laissa tomber d'une douzaine de pieds de terre, par suite des efforts de la victime et des cris des spectateurs. Néanmoins, le pauvre agneau eut les reins brisés par la violence avec laquelle l'aigle fondit sur lui pour l'enlever. On raconte même qu'un aigle à tête blanche se jeta sur un jeune enfant, et que la malheureuse créature ne dut la vie qu'aux cris de sa mère, accourue immédiatement, et surtout au peu de solidité de ses vêtements, qui se déchirèrent et dont l'oiseau emporta une partie.

Il attaque aussi les moutons vieux et malades, et s'élance avec fureur aux yeux de ces pauvres animaux.

Enfin, c'est un brigand déterminé que Wilson a admirablement dépeint dans le portrait qu'on va lire :

« Perché sur la plus haute branche morte de quelque arbre gigantesque d'où la vue s'étend au loin sur la côte et l'Océan, il a l'air de contempler tranquillement les mouvements de toute la gent emplumée qui poursuit au-dessous de lui le cours de son active existence ; c'est la blanche mouette qui se balance mollement dans l'espace ; c'est le bécasseau qui trotte rapidement sur le sable ; c'est une bande de canards qui descend le cours de l'eau ; c'est la grue silencieuse qui, l'œil au guet, se promène sur la grève du rivage ; c'est le corbeau criard et toute cette multitude ailée qui vit par l'infinie bonté de la généreuse nature. Au-dessus d'eux plane un oiseau dont l'action attire soudain toute son attention. A la large courbure de ses ailes, à son immobilité dans l'air, il a reconnu le faucon des poissons, qui vient d'arrêter son choix sur quelque pauvre victime des ondes. A cette vue, son œil étincelle et, se balançant sur sa branche, les ailes entr'ouvertes, il veille le résultat. Rapide comme la flèche, l'objet de son attention se précipite et disparaît sous l'eau, qui rejaillit sous le choc de ses ailes.

« A ce moment, les regards de l'aigle sont tout ardeur, et, allongeant le coup pour prendre son vol, il voit le faucon reparaître en se débattant avec sa proie et monter dans les airs en poussant des cris de triomphe. Pour notre héros, c'est le signal; il s'élance et donne la chasse au faucon, sur lequel il gagne bien vite. Chacun fait force d'ailes pour l'emporter sur l'autre ; ce sont des évolutions aériennes d'une sublime élégance. L'aigle, dont rien n'embarrasse le vol, avance avec rapidité, il va toucher son adversaire, quand ce dernier, avec un cri perçant, cri de désespoir sans doute ou d'honnête exécration, laisse tomber son poisson. L'aigle aussitôt, s'arrêtant un moment pour mieux viser son but, descend comme un ouragan, saisit le poisson dans ses serres avant qu'il ait eu le temps d'arriver à l'eau, et il emporte silencieusement dans les bois son butin mal acquis. »

Ceci est très-beau, très-poétique, et, qui plus

est, très-vrai. Mais il y a plusieurs manières d'envisager la chose. Voyons ce qu'en pense le bon et honnête Franklin.

Dans sa lettre à M. Bache, datée de Passy, 26 janvier 1784, Franklin raconte que la personne envoyée en France pour faire fabriquer des médailles commémoratives devant servir de décoration, a rempli la mission dont elle était chargée :

« Quant à moi, dit le vénérable philosophe, je les trouve assez réussies ; mais de pareilles choses prêtent toujours à la critique. Les uns découvrent des fautes au latin, qui pèche contre la pureté et l'élégance classiques..... Les autres s'en prennent au titre, qui ne saurait guère s'appliquer qu'au général Washington et à quelques autres qui ont servi la patrie à leurs frais. D'autres encore prétendent que l'aigle à tête blanche ressemble à un *dindon.*

« Je regrette pour ma part qu'on ait choisi l'aigle chauve comme emblème de notre pays ; c'est un oiseau plein de mauvais penchants, qui ne gagne pas honnêtement sa vie. Vous avez pu le voir, perché sur quelque branche morte, d'où, trop paresseux pour pêcher lui-même, il observe le travail du faucon des poissons ; puis, quand cet oiseau diligent a fini par prendre un poisson et qu'il le porte à son nid pour nourrir sa femelle et ses petits, l'aigle se met à sa poursuite et s'empare de la proie. Mais le brigandage ne l'enrichit guère, et, comme les hommes qui vivent de vol et de rapine, il est généralement très-pauvre et très-gueux. D'ailleurs, c'est un fieffé poltron : le petit oiseau royal, qui n'est pas plus gros qu'un pierrot, l'attaque bravement et le chasse du canton.

« Il ne saurait donc, en aucune façon, être l'emblême des vaillants et honnêtes Cincinnatus américains..... Aussi je ne suis pas fâché, en somme, qu'on ne reconnaisse pas l'aigle chauve dans l'aigle du burin et que l'oiseau ressemble davantage à un dindon ; car, à bien prendre, le dindon est comparativement beaucoup plus respectable, et c'est, après tout, un aborigène de l'Amérique. Des aigles, on en a trouvé dans tous les pays ; mais le dindon appartient bien réellement au nôtre, puisque les premiers qui aient été vus en Europe ont été apportés du Canada en France par les jésuites et servis sur la table de noces de Charles IX.

« Je sais bien qu'il est quelque peu borné et assez vain de son naturel, mais il n'en représenterait pas plus mal pour cela la nation américaine. C'est, du reste, un oiseau de courage, et il n'hésiterait pas à attaquer un grenadier de la garde anglaise qui tenterait d'envahir sa basse—cour. »

L'éditeur de cette intéressante correspondance rapporte qu'un savant, son ami, lui fit remarquer que l'anecdote du premier dindon rapporté en France, etc., n'était qu'une méprise; que, lors de la conquête du Mexique, longtemps avant Charles IX, les compagnons de Cortès trouvèrent cet oiseau en grand nombre dans ce pays, et que son importation dans la vieille Espagne est relatée par Pierre Martyr d'Angleria, secrétaire du conseil des Indes, institué immédiatement après la découverte de l'Amérique, lequel connaissait personnellement Christophe Colomb.

Mais, quoi qu'on en dise, l'aigle à tête blanche est un hardi champion, et M. Gardiner raconte que, chevauchant un jour à quelques mètres d'un de ces oiseaux, l'animal, à la manière dont il hérissait ses plumes et à son attitude provocatrice, semblait vouloir lui disputer le terrain.

Quant aux vautours, l'aigle les traite avec le plus grand mépris, et, à vrai dire, ils le méritent bien. On l'a vu souvent les tenir à distance respectueuse, surtout dans une certaine circonstance : c'est quand toute une colonie de malheureux écureuils s'est laissé surprendre par la chute du Niagara et que l'aigle recueille sa moisson de cadavres.

Lorsque la faim le presse et qu'il joue avec le vautour le même jeu qu'avec le faucon, il l'attaque avec fureur, et, faisant restituer au lâche vorace la charogne dont son jabot est gorgé, il se repaît de son contenu.

A l'état de nature, l'aigle établit généralement son nid sur quelque grand arbre, souvent au bord d'un marais ; et, pour peu qu'il se complaise sur l'arbre qu'il a choisi, il y revient chaque année. A force de réparations et d'additions à chaque saison nouvelle, le nid acquiert ainsi une proportion énorme, qui frappe l'œil à une distance considérable. Il est bâti avec des branchages, des gazons, du foin, de la mousse, etc. Il contient deux œufs.

Wilson rapporte cette histoire accréditée, que la femelle pond d'abord un seul œuf et, après l'avoir longtemps échauffé, elle se décide à en pondre un autre. Quand le premier est couvé, sa chaleur suffit, dit-on, pour faire éclore le second. Wilson ne se prononce pas sur l'authenticité de ce conte, mais il déclare qu'un respectable citoyen de la Virginie lui a affirmé avoir vu, sur un grand arbre abattu, un nid d'aigle chauve où se trouvaient deux petits dont l'un lui paraissait trois fois plus gros que l'autre. L'un d'eux devait avoir eu la part du lion dans la nourriture apportée par les parents;

mais l'histoire de la couvée à longs intervalles est trop contraire à toutes les règles connues de l'incubation pour pouvoir être admise sans la plus grande réserve.

L'attachement des parents pour les petits, bien qu'il n'atteigne pas sans doute celui de la cigogne, dont nous avons précédemment parlé, est néan-moins très-vif. Une personne de Norfolk, aux États-Unis, informa Wilson qu'en défrichant un bois sur sa propriété, elle trouva, sur un grand sapin mort, un nid d'aigle à tête blanche contenant des aiglons. On mit le feu à l'arbre pour l'abattre, la flamme s'élevait jusqu'à plus de la moitié de sa hauteur. La pauvre mère tourna, tourna autour du feu, et s'en approcha au point que c'est à peine si ses ailes à demi brûlées lui permirent de se sauver elle-même. Eh bien! même dans cet état, elle essaya plusieurs fois de revenir à son nid; tous ses sentiments maternels exaltés lui faisaient braver la mort pour tenter de secourir sa malheureuse progéniture.

En disséquant un aigle femelle, le Dr Samuel Smith, de Philadelphie, lui trouva des œufs en grand nombre et très-petits. Ce nombre si considérable d'œufs s'explique difficilement.

« Peut-être, dit le naturaliste, entre-t-il dans les vues de la nature que toute chose soit abondante;

mais on dit que cet oiseau ne procrée que deux petits par saison : par conséquent, il n'a pas besoin d'un nombre d'œufs plus grand que n'en exige une pareille couvée. Les œufs sont-ils tout d'abord comptés dans le corps de l'animal, sans que le nombre en augmente jamais, pour décroître ensuite graduellement jusqu'à ce qu'il n'en reste plus? S'il en est ainsi, ce nombre doit correspondre à la longue existence et s'accorder avec la santé robuste de ce noble oiseau. C'est ce qui expliquerait pourquoi la nature, toujours économe de sa force physique, ne lui donne que deux petits par saison.

L'aigle *à queue en coins*, *aquila fucosa* de Cuvier, le wol-dja des aborigènes des montagnes et des plaines de l'Australie occidentale, l'aigle-faucon des colons et l'aigle de montagne de la Nouvelle-Galles du Sud, de Collins, est, pour l'hémisphère austral, ce qu'est l'aigle doré pour le nôtre. Répandu généralement sur toute la partie méridionale de l'Australie, on le rencontre en grand nombre à la Terre de Van-Diémen et sur les grandes îles du détroit de Bass. Selon toute probabilité, on doit le trouver au Midi aussi rapproché des tropiques que dans le nord on trouve l'aigle

doré rapproché du pôle. Doué d'une grande force
et féroce à l'excès, il est le fléau des bergers et des
éleveurs, qui lui font une guerre à mort et le poursuivent sans relâche. M. Gould en tua un qui pesait plus de quatre kilogrammes et mesurait deux
mètres d'envergure ; mais ce naturaliste en a vu de
beaucoup plus grands. On peut se faire une idée
de la force de cet oiseau par celui qu'a représenté
Collins. Il fut pris par le capitaine Waterhouse,
dans son expédition à Broken-Bay, et quoiqu'attaché au fond du bateau et les jambes liées, il enfonça ses serres dans le pied de l'un des hommes
de l'équipage. Pendant les dix jours de sa captivité,
il ne voulut accepter de nourriture que d'une seule
personne.

Les naturels le regardaient avec terreur, et
affirmaient, en l'examinant de près, qu'il était de
force à enlever un kangurou de moyenne taille. Le
brave oiseau ne put souffrir sa prison, et un
beau matin, son lien rompu fut tout ce qui resta
de lui.

Cette race d'aigles se nourrit principalement de
kangurous de la petite espèce. Du haut des airs,
et tout en décrivant son cercle monotone, le bandit
à l'œil perçant découvre les pauvres quadrupèdes,
et, quand son choix est fait, il fond sur sa victime

avec une infaillible et inexorable précision. L'ou-
tarde, lourde deux fois comme l'aigle, ne trouve
d'asile sûr contre ce redoutable ennemi que dans
les plaines immenses de l'intérieur des terres, encore n'est-elle pas toujours à l'abri de ses attaques.
Mais le kangurou semble avoir été son pain quotidien, et il est probable qu'il continue à en faire
son régime ordinaire dans l'intérieur de ce continent
où l'homme civilisé n'a point encore pénétré.

On peut juger de ce qu'était autrefois le nombre
de ces quadrupèdes, par ce qu'a raconté le capitaine Flinders de l'île des Kangurous, où ceux-ci
vivaient en bonne intelligence avec le veau marin,
ainsi que le représentent les desseins de M. Westall.
« Il était trop tard, dit le capitaine, pour aller à
terre, dans la soirée du dimanche 21 mars 1802,
mais toutes les lorgnettes étaient braquées sur la
côte pour voir ce qu'on y pouvait découvrir. Quelques jeunes officiers, au nombre desquels le brave
et trop célèbre sir John Franklin, prétendaient
avoir vu remuer des masses noires, semblables à
des rochers. » Le lendemain matin, on aperçut,
paissant tranquillement au bord d'un bois, une
grande quantité de kangurous noirs, à qui l'approche du capitaine Flinders et de sa suite ne donna
aucune alarme.

« J'avais, dit encore le capitaine, un fusil à deux coups, pourvu d'une baïonnette, et nos compagnons portaient des carabines. Je ne saurais dire le nombre immense des kangurous que nous vîmes, j'en tuai dix pour ma part et les autres vingt et un. On les transporta tous à bord dans le courant de la journée ; le plus petit d'entre eux pesait 69 livres (environ 34 kilogr.), et le plus gros en pesait 125 (près de 33 kilogr.). Ces kangurous ressemblaient beaucoup à ceux des forêts de la Nouvelle-Galles du Sud, si ce n'est qu'ils étaient plus noirs et plus gros. »

Le capitaine met quelque componction à raconter ce massacre.

« Après cette boucherie, dit-il en poursuivant, car les pauvres bêtes se laissaient tirer presque à bout portant et quelquefois assommer à coups de bâton, j'eus mille difficultés, à travers les broussailles et les arbres abattus, pour atteindre avec les longues-vues et autres instruments le point culminant de l'île ; l'épaisseur et la hauteur du bois empêchaient de rien distinguer.

« Il était cependant impossible de mettre en doute que ce grand morceau de terre ne fût séparé du continent, car la douceur extraordinaire des kangurous et la présence des veaux marins sur le rivage concouraient, avec l'absence complète de traces d'hommes, à prouver qu'il n'était pas habité. »

Mais à présent, le mouton se promène où bondissait autrefois le kangurou, et le terrible aigle à queue en coins fait une énorme consommation d'agneaux. Ce n'est pas d'ailleurs qu'il fasse fi de la charogne ; car **M.** Gould, dans l'une de ses expéditions dans l'intérieur des plaines septentrionales de Liverpool (Australie), n'en vit pas moins de trente à quarante, rassemblés autour d'une carcasse de buffle. Quelques-uns, gorgés jusqu'au bec, étaient perchés sur les arbres voisins, le reste de la bande continuait son délicieux festin. Il ajoute même que l'aigle suit les chasseurs de kangurous des journées entières, pour profiter des débris que jettent ceux-ci lorsqu'ils vident leur gibier.

Les nids qu'observa le même savant voyageur étaient situés aux sommets les plus inaccessibles des grands arbres ; ils étaient très-larges, presque plats, et faits de bâtons et de ramée. Jamais il ne put se procurer d'œufs.

V

Les aigles s'accommodent mal de la captivité. Les œufs que pondent alors les femelles sont généralement stériles, au moins en a-t-il été ainsi jusqu'à présent, paraît-il, des œufs de l'aigle à tête blanche dont nous avons parlé plus haut. On a même remarqué que, pour cette dernière espèce, mâle et femelle brisaient les œufs à mesure qu'ils étaient pondus.

Ce renversement de la grande loi naturelle ne se borne pas seulement aux oiseaux : il arrive souvent que la truie et la lapine dévorent leurs petits quand elles sont dérangées lors de la naissance de ceux-ci. On oublie qu'à l'état de nature, le premier soin de tous les vertébrés est de cacher leurs œufs ou leurs petits. On en peut dire autant des insectes, des crustacés et même des mollusques. Les animaux sont d'autant plus sensibles à la violation de

ce principe, qu'ils ont un organisme plus développé. Le quadrupède, en proie à une irritation
maladive, dévore ses petits ; l'oiseau abandonne
son nid ou détruit ses œufs.

Mais quand les parents n'ont point été inquiétés,
les vertébrés, et surtout, parmi les vertébrés, les
classes douées d'un développement plus complet,
se dévouent avec une abnégation entière à la protection de leur progéniture ; il n'est pas rare même
qu'ils sacrifient leur vie pour la défendre.

Quand le danger menace, les quadrupèdes qui
marchent par troupes placent leurs petits au milieu de la bande, afin qu'ils aient dans le combat
le plus de chance de salut possible. C'est ainsi que
par la volonté divine, à l'instinct de génération
succède immédiatement l'instinct de protection,
instinct d'autant plus fort que l'être qu'il conserve
est plus jeune et plus faible. Chez les mammifères,
il y a une telle réciprocité d'affection, qu'il serait
difficile de dire qui, de la mère ou du petit, éprouve
le plus de satisfaction, l'une à donner, l'autre à
recevoir la nourriture.

Il y a plus, c'est que la mère possède en elle le
sentiment d'une certaine justice distributive quand
les circonstances le réclament. Ainsi, en règle
générale, la brebis qui a deux jumeaex ne se laisse

téter que quand tous les deux sont présents, et que l'un peut prendre sa part en même temps que l'autre, sans quoi il y en aurait un qui s'engraisserait aux dépens de son frère.

La plupart du temps, l'homme, ce tyran superbe, s'accommode volontiers de cette loi générale, et, chaque fois qu'il n'en éprouve aucun tort, il laisse la nature suivre tranquillement son cours. Le Lapon, lui, n'a pas le moyen de se montrer si magnanime. La femelle du renne met bas vers la fin de mai, et donne du lait de la fin de juin au milieu d'octobre. Or, il est peu de mères qui chérissent autant leur nourrisson. Perd-elle un petit, elle le cherche sans relâche de tous côtés, et, s'il est possible de le retrouver, on peut être sûr qu'elle ne prendra de repos que quànd elle l'aura découvert. Aussi, le Lapon se garde bien de séparer la mère de l'enfant; mais, comme il ne peut pas se passer de lait, il n'y a pas de beau sentiment qui empêche que le troupeau ne soit trait matin et soir. A cet effet, un aide jette au cou de l'animal une corde dont il garde les deux bouts dans sa main. Ainsi tenue, la pauvre bête est forcée de se laisser traire ; on lui tire environ un demi-litre de lait. Peut-être croirez-vous qu'on se contente de ce prélèvement sur la ration du petit renne ? Détrompez-vous. Dès que l'opération est faite, on enduit le pis de la mère avec une certaine préparation excessivement désagréable au palais du nourrisson, qui ne tète plus que juste assez pour ne pas mourir de faim, et laisse encore à son digne maître une part très-raisonnable.

Tous les animaux d'un rang élevé dans l'échelle animale témoignent la plus vive douleur lorsqu'on leur enlève leur progéniture ; au besoin, ils la défendent avec un courage désespéré. Une pauvre chienne, ouverte toute vive pour une expérience scientifique, s'efforçait, au milieu de ses atroces tortures, de lécher ses petits, et lorsqu'on les lui retira, elle se mit à pousser les cris les plus plaintifs.

L'équipage du vaisseau *la Carcasse*, chargé, au siècle dernier, d'un voyage d'exploration au pôle Nord, fut témoin d'un exemple touchant d'amour maternel, qui, cependant, ne put attendrir le cœur de ceux qui le virent.

Le navire était pris dans les glaces, lorsqu'un matin, de très-bonne heure, la vigie du grand mât signala l'approche de trois ours, attirés probablement par l'odeur de la graisse en fusion d'un morse tué quelques jours auparavant, et qui brûlait sur la glace. Les visiteurs étaient une ourse et ses

deux oursons, presque aussi gros que la mère. Ils
coururent droit au feu, s'emparèrent de la chair
non encore consumée, et la dévorèrent. Alors, du
pont du vaisseau, les matelots jetèrent sur la glace
de gros morceaux de chair de morse qui leur res-
taient encore. L'ourse les ramassait à mesure et
les déposait devant ses petits, ayant soin de les
partager, ne s'en réservant qu'une très-faible portion pour elle-même. Au moment où, pleine de
confiance, la mère ramassait le dernier morceau,
les hommes du bord visèrent les ours et les
étendirent morts. Ils tirèrent aussi la mère, mais
sans la blesser mortellement. Le reste doit être lu
dans le récit même du témoin de cette scène :

« C'était un spectacle à faire verser des larmes
aux plus endurcis, que de voir le tendre empressement de cette pauvre bête autour de ses petits,
au moment où ils rendaient le dernier soupir.
Quoique grièvement blessée et pouvant à peine se
traîner à l'endroit où ils étaient étendus, elle emporta le morceau de chair qu'elle était venue chercher, tout comme elle avait fait des autres, puis
elle le déchira par lambeaux et le mit devant eux.
Quand elle s'aperçut qu'ils ne mangeaient pas, elle
posa d'abord une patte sur l'un, ensuite sur l'autre,
essayant de les relever, et poussant, pendant tout

ce temps, des gémissements lamentables. Comprenant qu'elle ne pouvait pas les remuer, elle partit; mais, au bout de quelques pas, elle se retourna avec des hurlements plaintifs ; puis voyant que cette manœuvre ne réussissait point à les décider, elle revint sur ses pas, tourna autour d'eux, les flaira et se mit à lécher leurs blessures. Elle s'éloigna une seconde fois, comme auparavant, se traîna à quelque distance, regarda encore derrière elle, s'arrêta en continuant de se plaindre ; mais, pas plus qu'avant, les oursons ne se relevèrent pour la suivre. Alors elle revint avec toutes les démonstrations d'une inexprimable tendresse ; elle alla de l'un à l'autre, les caressant avec ses pattes et poussant de douloureux gémissements. Enfin, les trouvant froids et sans vie, elle leva la tête vers le vaisseau, en adressant des hurlements de malédiction aux meurtriers, qui y répondirent par une décharge générale... La pauvre mère tomba entre ses deux oursons, et mourut en léchant leurs blessures. »

Les oiseaux qui, en d'autres temps, sont les plus timides des créatures, attaquent avec fureur l'ennemi qui vient leur enlever leurs nids et leurs petits. On sait que les grives et même de plus petits oiseaux livrent bataille aux pies, aux geais, aux corbeaux, aux faucons et aux méchants écoliers dénicheurs de nids, voire même aux hommes. Dans nos basses-cours, nous voyons la poule se jeter sur les oiseaux de proie, sur les chiens, les chats, et les gens qui viennent vers ses poussins avec des intentions sinistres, ou qui se permettent simplement d'en approcher de trop près. White cite un exemple de la fureur avec laquelle des poules, victimes dans leurs plus tendres affections, exercèrent leur vengeance sur l'auteur d'une série non interrompue de larcins et de meurtres qui finit par tomber en leur pouvoir. Il raconte qu'un propriétaire du voisinage avait eu, un été, tous ses poulets croqués par un épervier qui se glissait clandestinement entre le pignon de sa maison et une pile de fagots, à l'endroit où se trouvait la cage aux poussins. Ennuyé de voir sa basse-cour diminuer, l'éleveur tendit adroitement un lacet auprès des fagots, et, un beau jour, le voleur vint se prendre au piége.

« Le ressentiment, continue White, inventa la loi du talion. Maître de l'épervier, notre homme lui rogna les ailes, lui coupa les ongles, lui prit le bec dans un bouchon, et le livra ainsi aux couveuses. Il est impossible de rendre la scène qui s'ensuivit ; la terreur, la rage, la haine, l'instinct de vengeance des poules ne peuvent se traduire.

Les matrones exaspérées couvraient le bandit d'exécrations et d'anathèmes ; elles étaient ivres de leur triomphe. En un mot, elles ne cessèrent de le frapper et de le martyriser que lorsqu'elles l'eurent littéralement mis en pièces. »

Cet instinct, qui pousse les animaux à défendre si énergiquement leurs petits, fait aussi qu'ils se soumettent patiemment dans certains cas, lorsqu'ils ont besoin qu'on leur vienne en aide.

Tout le monde a entendu parler de perdreaux ensevelis l'été dans les gerçures de la terre, et beaucoup de personnes n'ont considéré ces récits que comme autant de contes de braconniers, faits pour expliquer la rareté des œufs et des petits, qui, selon ces sceptiques, s'en vont tout simplement en chemin de fer peupler d'autres contrées moins giboyeuses. Rien n'est cependant plus vrai que ces accidents-là.

Dans une région argileuse de notre connaissance où, pendant un certain été, les crevasses étaient devenues dangereuses même pour les chiens, par une belle matinée de juin, deux perdrix se tenaient en grand émoi sur le bord d'un de ces précipices, grattant la terre tout autour, faisant ainsi plus de mal que de bien. Le témoin de cette scène s'approcha et vit au fond du gouffre une douzaine de gentils perdreaux qu'à l'aide d'un bâton il retira l'un après l'autre. Eh bien ! pendant cette opération, les pauvres parents ne se tenaient qu'à une couple de mètres de là, guettant le sauvetage et recevant chaque petit à mesure qu'il sortait du trou.

Une poule d'humeur peu facile, qui se jetait avec fureur sur tous ceux qui approchaient de ses poussins, avait emmené sa petite famille près d'une pile de fagots. Les poussins y étaient grimpés et s'étaient fourrés si avant dans les branches, qu'ils n'en pouvaient plus sortir. Les malheureux égarés poussaient des cris de détresse auxquels la mère répondait par des gloussements d'impatience et d'inquiétude, allant et venant de tous côtés, mais n'y pouvant rien. Quand on vint à son secours, au lieu de se jeter, comme à l'ordinaire, sur l'individu qui s'approchait, elle le laissa tranquillement enlever quelques fagots, prendre ses poussins et les lui rendre.

Un poulain né huit ou dix jours avant terme fut atteint de spasmes d'estomac et de tranchées qui l'emportèrent, ainsi qu'il arrive, la plupart du temps, chez la race chevaline, dans les cas de naissance prématurée. Le jeune animal reçut tous les soins imaginables ; tous les médicaments possibles lui furent administrés ; pendant ce temps, la jument, sa mère, laissa faire les assistants comme si elle comprenait l'état de son poulain, et resta tranquille tant qu'elle l'eut à côté d'elle ; mais quand on le lui retira, la pauvre bête devint·furieuse.

Nous avons encore entendu raconter qu'une vieille jument de chasse qu'on avait mise au vert, se sentant un jour très-malade, vint au village comme pour implorer le secours des hommes, et mourut la nuit suivante dans la rue.

Une coutume généralement répandue, c'est de faire couver les œufs de canes par une poule. Il faut avouer que, par ce moyen, peu généreux, il est vrai, on obtient ordinairement de plus belles couvées qu'en laissant à la cane elle-même le soin de faire éclore ses œufs. En effet,—peut-être parce que la servitude ne lui a pas fait perdre totalement le souvenir de son premier état de liberté et des douceurs d'un nid bien frais au milieu des roseaux et des herbes de la rive,—la cane, il faut le dire, se dérange facilement et n'apporte pas une bien grande constance à son nid de basse-cour. Mais il n'est pas d'oiseau qui couve avec plus de ferveur que le canard sauvage de nos contrées, et qui amène des nichées plus nombreuses ni mieux portantes. Du reste, il ne manque pas d'exemples, surtout dans les moulins et les fermes situés près d'un étang ou d'une rivière, de canards domestiques couvant avec autant de persévérance et d'opiniâtreté que la poule. Quoi qu'il en soit, dans presque toutes les maisons distantes des courants d'eau, on préfère la nourrice terrestre. Alors, en pareil cas, les canetons ne sont pas plutôt éclos, qu'en apercevant la mare ils courent s'y précipiter, au grand émoi de la poule qui, du bord, s'évertue à glousser, à appeler, à user enfin de tous les cris, de tous les gestes en son pouvoir pour sauver les imprudents de l'imminent danger auquel elle les croit exposés. Quelquefois même, dans l'excès de son tourment, la malheureuse mère, au péril de sa vie, entre dans l'eau pour secourir la couvée. Les canetons, pendant ce temps, nagent avec la plus parfaite quiétude, font la chasse aux mouches et s'amusent tranquillement sur l'élément où les a conduits leur instinct naturel, en dépit des remontrances de leur nourrice indignée, et des obstacles qu'elle essaie d'opposer à leur incorrigible penchant.

Les oiseaux à l'état domestique ou semi-domestique, comme les autres animaux d'un rang plus élevé, paraissent prendre plaisir à montrer leur progéniture et à quêter l'admiration aux dépens même des rivaux pouvant exciter leur jalousie. Ainsi les oies du Canada (1), les mâles surtout, sont, paraît-il, pendant la saison de l'incubation, les plus dangereuses bêtes qu'il existe pour s'en prendre aux petits des autres oiseaux. Le mâle ne souffre pas d'êtres vivants dans les alentours de son nid ; les canetons, les oisons, les petits cygnes, rien n'échappe à sa violence.

Les nids ! que de variétés dans ces petits chefs-d'œuvre, depuis les informes ramassis de paille et de litière, jusqu'à l'élégante petite habitation du chardonneret, travail d'amour exécuté dans le plus secret mystère ! Que de précautions réunies dans cette délicieuse construction ! Comme les couleurs de ce nid se marient bien au feuillage qui l'entoure, afin de le soustraire le mieux possible à une dangereuse curiosité !

C'est vraiment chose amusante que d'épier les expédients auxquels ont recours les petits oiseaux pour dérouter le regard inquisiteur des hommes, lorsqu'ils se croient surpris au moment où ils transportent les matériaux du nid ou qu'ils portent la becquée à leurs petits. Le soin si scrupuleux que

---

1. *Anser Canadensis* ; l'oie à cravate.

mettent tous les oiseaux en général à construire et
à cacher leurs nids, n'a d'égal que l'ardeur qu'ils
apportent à l'incubation qui s'ensuit. Mais il n'y a
pas de règle sans exception, comme nous allons le
voir.

Ainsi Job dit de l'autruche *(Ch.* xxxix, *v.* 17 *et
suiv.)* :

« Elle dépose ses œufs à terre et laisse à la chaleur du sable le soin de les faire éclore.

« Elle oublie que le pied du voyageur peut les
écraser, et que les bêtes sauvages peuvent les
briser dans leur course.

« Elle se montre cruelle envers ses petits,
comme s'ils n'étaient pas la chair de sa chair ; et
elle est sans crainte sur leur compte, comme si en
les pondant elle avait fait une œuvre inutile.

« Car Dieu l'a privée de sagesse et ne lui a
donné aucune part d'intelligence. »

Le texte, en parlant de l'autruche, se sert du
genre masculin ; on sait, en effet, que chez certains
oiseaux de la même famille, *l'émeu,* par exemple,
ou casoar de la Nouvelle-Hollande, c'est le mâle
qui couve les œufs.

Quoi qu'en dise la Bible, il est cependant hors
de doute que l'autruche couve ses œufs, bien que,
pendant la chaleur du jour, il arrive que cet oiseau

les laisse exposés à la haute température du climat, afin de ne pas leur donner un degré de calorique qui pourrait être fatal à la vitalité de l'embryon. Le capitaine Lyon dit que tous les Arabes sont d'accord sur la manière dont couvent les autruches. « La mère, dit-il, ne laisse pas ses œufs éclore au soleil; elle construit un nid grossier où elle dépose de quatorze à dix-huit œufs qu'elle couve avec autant de constanee que nos poules communes. A l'occasion, le mâle relaie la femelle dans cet office. C'est pendant la saison de l'incubation, ajoute-t-il, que l'on prend le plus d'autruches, car les Arabes tirent les mères sur leurs nids. »

Le nid de l'autruche consiste simplement en un trou qu'elle creuse dans le sable, en ayant soin de rejeter ce sable autour d'elle, de manière à se faire un rempart assez élevé. Il y a de ces nids qui ont un mètre de diamètre. On ne s'accorde pas sur le nombre des œufs; on en a trouvé de dix à dix-huit dans un nid. Ce dernier nombre est celui que Levaillant assigne à chaque femelle. Mais un jour ce voyageur fit lever une autruche d'un nid, contenant trente œufs et en dehors duquel s'en trouvaient treize autres. Il se mit à guetter le nid et il vit quatre femelles s'y succéder en un jour. Ce nid devait être le résultat d'une association comme il s'en fait souvent chez les dindons et d'autres oiseaux qui font leurs nids par terre.

Le capitaine Lyon remarque en passant que dans les trois villes de Sockna, Houn et Ouadan, on élève des autruches apprivoisées auxquelles on coupe les plumes trois fois en deux ans. La facilité avec laquelle les autruches s'apprivoisent est un fait bien connu et dont pourraient au besoin témoigner aujourd'hui tous les petits Parisiens qui ont tant de bonheur à se faire traîner chaque dimanche par les allées du Jardin d'acclimatation dans une élégante petite voiture à laquelle est attelée une autruche du plus bel aspect et du caractère le plus placide. Quant à la domestication de l'oiseau, les colonies anglaises de l'Afrique méridionale ont, depuis huit ou dix ans, fait de l'élevage de l'autruche une industrie prospère. M. Julius de Mosenthal, consul en France des républiques de l'Afrique australe, a publié récemment un intéressant travail sur la domestication de l'autruche. Des essais de cette nature ont été tenté aussi en Algérie, entre autres par M. le commandant Créput. Au commencement de 1877, cet officier possédait dans la province d'Oran un établissement composé de 6 parcs dans lesquels il entretenait des couples d'autruches reproducteurs.

Au cap de Bonne-Espérance, en 1872, avec 24 oiseaux reproducteurs un éleveur avait obtenu 200 élèves bien portants en une seule saison. La même année, un M. Douglas avait eu de 6 oiseaux (4 femelles et 2 mâles, la proportion habituelle) 130 autruches. En 1874, la colonie du Cap avait exporté 16,684 kilogrammes de plumes représentant une valeur de 6,130,000 francs; à Sainte-Elisabeth seulement il s'était vendu pour 2,912,000 francs de plumes d'autruches. Ce qui valait alors 500 fr. la livre anglaise vaut aujourd'hui 800 à 875 francs. La première qualité de plumes blanches choisies vaut sur place 1,375 fr. la livre, prix moyen, ce qui, rendu à Paris, porte le prix, droit et frêt compris, à 3,800 fr. le kilogramme.

Les éleveurs se servent d'incubateurs pour l'éclosion des œufs. Partout les résultats ont été tels que chacun cherche à former des parcs à autruches. La statistique officielle constatait à la fin de l'année 1875 trente-deux mille oiseaux domestiques dans la colonie du Cap. Les éleveurs s'occupent déjà de substituer une race supérieure à l'autruche du sud de l'Afrique sous le rapport de la qualité de la plume et d'importer chez eux l'autruche de Barbarie.

VI

Nous venons de voir qu'en règle générale tous les oiseaux se placent sur leurs œufs pour les couver : passons maintenant à l'exception.

Le talégalle ou « dindon à grosse queue » de la Nouvelle-Hollande, — *talegalla Lathami* (Gould) des ornithologistes, *brush turkey* des colons austra liens, *weelah* des naturels de Namoi — n'est plus une rareté en Europe, où il figure aujourd'hui dans presque tous les jardins zoologiques. C'est un gros oiseau noir à peu près de la taille d'une grosse poule commune et doué d'une queue énorme. On le voit continuellement se promener et picoter la terre de tous côtés comme s'il cherchait quelque chose qu'il lui faut absolument trouver, mais qu'il ne peut pas venir à bout de rencontrer. Si quelqu'un venait dire à un visiteur non initié aux mysères de l'ornithologie, que l'oiseau qu'il a sous le s

8.

yeux ne couve jamais ses œufs, mais qu'il les plante dans une couche comme fait un jardinier des graines de melons et de concombres, le visiteur ne manquerait pas de prendre le cicerone pour un faiseur de contes de premier ordre. Si, persistant à éclairer le néophyte, le même individu lui disait que ces oiseaux ramassent eux-mêmes les matériaux nécessaires à la couche en question, et attendent ensuite tranquillement que la fermentation ait atteint le degré nécessaire à l'éclosion des œufs, il risquerait fort, assurément, de passer pour un membre de l'illustre famille du célèbre baron de Crac. Rien n'est plus vrai cependant.

Le dindon à grosse queue appartient à la famille ou, si vous l'aimez mieux, savant lecteur, au sous-genre d'oiseaux qui, ne couvant pas, ramassent, pour y placer leurs œufs, des herbes qu'ils savent devoir les échauffer au |point convenable pour les faire éclore sans que jamais la meule entre en combustion comme le foin rentré en temps inopportun, ni fermente trop vite, autre danger qui serait également fatal au principe vital de l'œuf.

Les différents genres connus de cette famille sont le *talegalla*, le *leipsa* et le *megapodius*, tous indigènes de ce merveilleux pays qui semble être un reste d'un autre temps, oublié à dessein pour nous donner l'idée de cc qu'a été jadis notre planète.

Le *talegella Lathami* a donné, dans son temps, bien de l'embarras aux ornithologistes à systèmes. Il en est plus d'un qui en ont fait un vautour, et s'en sont emparés bien vite pour remplir une lacune dans un système favori. Ils ont complétement donné dans le faux, comme le démontre si bien M. Gould dans son admirable ouvrage sur *les Oiseaux de l'Australie.* C'est, selon lui, un des membres de cette grande famille particulière à l'Australie et aux îles de l'océan Indien dont le *megapodius* constitue une espèce. A l'appui de son opinion, Gould indique les deux profonds évasements du sternum, si caractéristiques chez les gallinacées. Il a parfaitement raison.

La partie supérieure du plumage du mâle adulte, ses ailes et sa queue, sont d'un brun foncé ; mais, à la surface inférieure du corps, les plumes, également brun foncé à la base, se terminent en gris argenté ; la peau de la tête et du cou est violacée, déteignant en rouge sous le bec, et légèrement parsemée d'une sorte de crin court, brun foncé comme les plumes ; ses barbes sont jaune brillant, teintées de rouge à l'endroit où elles rejoignent la peau rouge du cou ; il a le bec noir et les pattes brunes, ainsi que l'iris.

La femelle est d'un quart moins grosse environ que le mâle et de même couleur, seulement ses barbes sont moins longues.

Lorsqu'ils ont atteint leur plus grand développement, ces oiseaux sont à peu près de la grosseur du dindon.

Examinons maintenant les mœurs de ce singulier animal :

Le dindon à grosse queue marche par compagnies, mais en petit nombre néanmoins. Il est, du reste, très-peu confiant et sa prudence est excessive. Comme le faisan et quelques autres gallinacées, c'est un habile coureur, et souvent il échappe au chasseur à travers des fourrés inextricables. Le chien d'Australie est son plus grand ennemi. Quand une bande de ces oiseaux se trouve poursuivie par un chien et serrée de près, ils sautent tous sur la plus basse branche du premier arbre qu'ils rencontrent, et, d'échelon en échelon, ils finissent par gagner le faîte. Une fois arrivés là, ils s'y tiennent ou prennent leur volée vers un autre point du bois. Quand ils n'ont rien à craindre, ils vont se percher dans les branches pour s'abriter contre la chaleur du jour. Le chasseur, qui connaît leur habitude, profite de leur sieste fatale pour les tirer l'un après l'autre (car ils ne prennent aucun souci de leurs compagnons qui tombent), jusqu'à ce que toute la bande ait subi le même sort ou que le chasseur soit fatigué de charger son fusil.

Jusqu'ici, rien assurément de bien extraordinaire ; mais c'est dans la reproduction de l'espèce que se manifestent les anomalies les plus étranges. Après avoir ramassé petit à petit des herbes et des plantes fanées, l'oiseau en fabrique une sorte de couche artificielle. Il emploie patiemment plusieurs semaines à réunir les matériaux, jusqu'à ce qu'il y en ait à la fin un tas capable de remplir deux ou trois tombereaux. Une couche de cette espèce sert généralement plusieurs années, à un couple, c'est-à-dire que les femelles reviennent toujours pondre au même endroit, et, à mesure que la partie inférieure se décompose, les oiseaux y ajoutent un nouveau supplément d'herbages et de débris avant d'y déposer leurs œufs.

Dans la construction des nids les plus compliqués, le bec de l'oiseau est toujours l'outil principal, les pattes ne sont que des instruments accessoires. Ici, le contraire a lieu. Les pattes sont les agents principaux pour ramasser et empiler les matériaux ; le bec ne sert à rien dans ce travail ; c'est avec les pattes que l'oiseau recueille et vient placer son contingent au centre du dépôt commun. Les alentours de ce singulier nid sont tellement propres et dépouillés de tout ce qui peut servir à sa fabrication, qu'on aurait grand'peine à y trouver une feuille ou un brin d'herbe sèche. Quand la pyramide de végétaux a eu le temps de fermenter de manière à acquérir un degré de température suffisant, l'oiseau y enfouit ses gros œufs, non point à côté les uns des autres, comme dans les cas ordinaires, mais séparés entre eux par un espace régulier de vingt à trente centimètres, parfaitement alignés et enterrés à une profondeur de près d'un mètre, le gros bout tourné vers le sol. Il les re—couvre ensuite, et les laisse dans leur trou jusqu'à ce qu'ils soient éclos.

Le célèbre John Hunter expérimenta la chaleur naturelle d'une poule qui couve, et obtint 104 de-grés Fahrènheit (40° centigrades), il arriva au même résultat en plaçant la cuvette du thermo—mètre sous la couveuse au moment où elle était sur ses œufs. Ayant pris sous la même poule des œufs couvés aux trois quarts, il fit un trou dans la coquille, et, y plongeant le thermomètre, il vit le mercure s'élever à 90 1/2 Fahr. (32° 50 centigrades). Dans certains œufs stériles, la chaleur était de deux degrés moins forte, de sorte que l'embryon, comme lui-même l'a fait remarquer, donnait à l'œuf couvé quelque chose de sa propre chaleur.

On n'a point encore cherché, que nous sachions, quel est le degré de chaleur de ces *couches à oiseaux* au moment de l'incubation ; mais le talégalle, sans autre secours que cet instinct qui lui vient d'en haut, sait exactement l'instant où elles arrivent à la température nécessaire, température qui, sans doute, est la même que celle que Hunter a constatée sous une poule couveuse.

M. Gould apprit des naturels et des colons habitant le voisinage des endroits fréquentés par ces oiseaux, qu'il n'est pas rare de trouver, dans un seul de leurs tas de plantes, trente et quelques litres d'œufs qui sont, dit-on, un excellent manger.

On ne s'accorde pas sur le degré de sollicitude apporté par les parents à leur *oviplantation*. Des indigènes prétendent que les femelles restent constamment dans les alentours de leurs dépôts d'œufs, qu'elles découvrent et recouvrent fréquemment, afin sans doute, d'aider les oisillons nouveau-nés à sortir de leur prison ; d'autres assurent qu'une fois les œufs pondus, les parents laissent aux petits le soin de se frayer un chemin comme ils peuvent, sans les aider en rien.

Si cette dernière version est correcte, on se demande comment les oiseaux sont nourris au sortir de leur coquille. Selon toute probabilité, la nature, ayant adopté ce mode de reproduction, doit aussi avoir doué les petits de la faculté de pourvoir eux-mêmes à leur subsistance, dès l'instant où il viennent à la lumière. D'ailleurs, l'énorme grosseur des œufs mène à cette conclusion ; il est en effet raisonnable de supposer que, dans un espace comparativement aussi large, on droit trouver l'animal infiniment plus développé qu'il ne l'est dans des œufs de plus petites dimensions. M. Gould a, en quelque sorte, obtenu la confirmation de cette opinion ; car, en cherchant des œufs dans un de ces tas d'herbages, il a trouvé le corps d'un petit, mort probablement en quittant sa coquille, et cet oiseau était couvert de plumes, au lieu de n'avoir que du duvet comme en ont d'ordinaire les autres oiseaux de même âge.

La position constamment droite des œufs vient à l'appui de l'opinion qu'ils ne sont plus touchés par les parents après qu'ils ont été pondus ; car c'est un fait connu et que chacun peut observer sous la poule commune, que les œufs des oiseaux qui les posent horizontalement sont très-souvent dérangés et retournés dans le nid pendant l'acte de l'incubation.

La saison était trop avancée, lors du voyage de M. Gould, pour qu'il découvrît des œufs ou des petits ; il ne put que voir les nids de ces oiseaux, ou plutôt des monceaux de plantes qui leur servent de nids. Il en trouva dans l'intérieur du continent australien et à Illawara. Ils étaient tous situés dans les vallées les plus ombreuses et les plus retireés, et placés au bas d'un versant de colline. Toute la partie du sol dominant les nids était parfaitement déblayée, on n'y eût pas rencontré une feuille morte, tandis qu'au-dessous aucun débris de ce genre n'avait été ramassé ; il semblerait que les oiseaux trouvent plus facile de descendre leurs matériaux que de les remonter. M. Gould ne put avoir qu'un œuf entier, mais il vit beaucoup de coquilles, placées dans la position ci-dessus décrite, d'où les petits étaient sortis.

Nous avons parlé de la grosseur des œufs ; M. Gould les décrit comme étant parfaitement blancs, de forme allongée, hauts de neuf centimètres, et d'un diamètre de six centimètres. Il vit à Sidney, dans un jardin particulier, un talégalle vivant, qui, depuis deux années, avait entassé une immense quantité de plantes sèches et d'autres matériaux, comme s'il avait été au milieu de ses forêts natales. Toute la partie du jardin où on le laissait se promener était d'une propreté rare, qui eût satisfait l'amateur le plus scrupuleux ; on eût dit que les plates-bandes, la pelouse et les bosquets étaient, chaque jour, régulièrement balayés, tant l'oiseau s'évertuait à ramasser tout ce qu'il rencontrait à terre pour en aller grossir sa provision de fumier, laquelle s'élevait déjà à un mètre de haut et couvrait une surface de trois mètres carrés. En plongeant le bras dans cette couche, M. Gould lui trouva de 32 à 35 degrés centigrades de chaleur.

L'oiseau était un mâle ; il avait une démarche majestueuse : tantôt il se pavanait fièrement autour de son œuvre, tantôt il allait se percher au sommet, montrant, dans leur plus beau jour, les brillantes couleurs de son cou et de ses barbes, qu'il avait le pouvoir de contracter et d'allonger à volonté. Exemple de l'irrésistible puissance de l'instinct, cet oiseau solitaire continua son édifice avec la persévérance la plus opiniâtre, attendant toujours la femelle qu'il ne devait jamais voir. Le pauvre animal mourut noyé ; c'est à son autopsie qu'on découvrit son sexe.

Le talégalle, avons-nous dit plus haut, figure aujourd'hui dans la plupart des jardins zoologiques d'Europe. Naturellement notre Jardin d'acclimatation de Paris n'a pas été des derniers à se procurer ce curieux oiseau. Il a fait mieux : il en a répandu quelques-uns à titre de cheptel chez des amateurs éclairés et de grands propriétaires, pour essayer de la reproduction de l'espèce dans les conditions les plus favorables. C'est ainsi qu'au printemps de 1872, M. le marquis d'Hervey de Saint-Denys obtenait de l'administration, pour son domaine de Bréau (Seine-et-Oise), deux de ces animaux. Par malheur, ceux-ci se trouvèrent être deux mâles ou tout au moins des époux fort mal assortis. Toutefois si, comme reproduction, l'expérience n'a pas réussi tout d'abord, l'acclimatation de ces oiseaux, et l'on pourrait même dire leur domestication, se sont du moins présentées de la manière la plus favorable. On en jugera par l'extrait suivant des nouvelles que M. d'Hervey de Saint-Denys donnait en août 1873 de ses deux pensionnaires, et qui ont été insérées dans le *Bulletin mensuel de la Société d'acclimatation*, société dont M. d'Hervey est un des membres les plus zélés.

« A leur arrivée chez moi, écrit-il, les deux talégalles ont été d'abord enfermés, pendant trois jours, dans une grande volière vide, puis lâchés en toute liberté dans le parc, de 60 hectares environ, enclos de murs et pourvu d'une pièce d'eau. Ils ont parcouru le parc dans tous les sens avec une rapidité extrême dès leur premier jour de liberté, se sont enfoncés au plus épais du bois, et durant quatre jours on ne les a pas aperçus. Bientôt ils se sont montrés dans les gazons qui entourent l'habitation et se sont peu à peu familiarisés, au point de venir sur les terrasses et jusque dans la cuisine du château. Durant les deux ou trois premières semaines de leur séjour ici, ils ne se quittaient pas et vivaient en très-bonne harmonie ; mais dès le moment où le plus fort des deux oiseaux a commencé la construction d'un nid, il a changé tout à fait de manière d'être à l'égard de son compagnon, ne pouvant le souffrir dans son voisinage, le battant et le poursuivant à outrance chaque fois qu'il le rencontrait. Il en est résulté que le plus petit des deux oiseaux n'ose plus se montrer aux abords du château, et qu'il a élu domicile près de la pièce d'eau située au milieu des bois, à grande distance du nid, dont je dois maintenant vous parler.

« Cet énorme nid, auquel le mâle qui l'a construit

ne cesse de travailler encore, a été commencé vers le 15 mai. Il est placé à l'extrémité du parc, dans un jeune bois, sur le bord d'une allée. Il n'a pas moins de 1^m,30 centimètres de hauteur sur 3^m,60 centimètres de diamètre, à sa base. L'oiseau a ratissé le sous-bois dans un périmètre de plus de vingt-cinq pas. Les premiers matériaux entassés étaient des feuilles sèches et de menus débris de plantes ; ensuite une forte couche de terre superposée, mélangée d'herbes et de bois mort. Je n'ai jamais vu le constructeur de cet édifice y pratiquer aucun trou. Il travaille régulièrement tous les matins jusqu'à huit ou neuf heures, rarement plus tard ; on peut le regarder à l'œuvre sans le déranger le moins du monde. Vers dix heures, il se rapproche du château et de ses abords, pour y passer son temps d'une manière que je vous dirai tout à l'heure, et, bien qu'il y ait près de 1000 mètres à parcourir, il franchit cette distance presque sans s'arrêter, connaissant à merveille toutes les allées du parc et courant avec une incroyable rapidité. Dans la journée, il disparaît à certaines heures ; le soir, au coucher du soleil, il regagne la partie du bois qu'il a choisie, tandis que l'autre oiseau perche dans un tilleul, d'un tout autre côté, ainsi que je vous l'ai signalé.

« Cet ensemble de faits donne à craindre que les deux talégalles (qui se ressemblent énormément) ne soient deux mâles et que le nid construit par le plus vieux des deux ne renferme absolument aucun œuf. Nous n'avons pas découvert de nid construit par le plus petit des deux oiseaux, je dois le reconnaître, mais ne se pourrait-il pas qu'il en fût des talégalles comme des paons, qui ne se reproduisent qu'à la seconde année, et que celui des deux qu'on a pris pour une femelle ne soit un mâle très-jeune, qui ne ferait son nid que l'an prochain ? Tous deux ont au cou cette poche jaune, pendante à l'état ordinaire et gonflée quand ils sont irrités, mais celle du constructeur du nid est beaucoup plus développée. Sa tête, aussi, est plus forte. Toutefois, et pour ne rien oublier, je dois ajouter qu'on m'a dit avoir vu une ou deux fois le plus petit des oiseaux auprès du nid. En tout cas, je vous serais obligé de me faire savoir à quelle époque vous pensez que l'on pourra sans inconvénient sonder le nid, le temps de l'éclosion étant passé, afin de savoir positivement à quoi s'en tenir.

« Je viens de vous dire que le plus petit de mes deux talégalles ne se montrait guère que de loin en loin, son terrible époux ou confrère le faisant rentrer dans le parc au plus vite, dès qu'il l'aperçoit autour du château. Je ne sais donc pas grand'chose de ses habitudes : quant au talégalle dont le sexe n'est point en doute, c'est fort différent, on le perd rarement de vue, et je puis vous raconter ses hauts faits.

« Il serait difficile d'imaginer un oiseau plus hardi, plus vigoureux et plus sans-gêne. Aucun chien ne lui fait peur, et à plus forte raison il ne craint ni les coqs, ni les dindons, ni aucun oiseau de basse-cour. Les paons, une pintade mâle et un gros perroquet blanc en liberté sont les seuls volatiles qui lui tiennent tête, et encore ne l'effrayent-ils point. Il mange absolument de tout, du pain, des fruits, même du poisson ou de la viande, et n'hésite pas à venir prendre dans la main ce qu'on lui présente. On doit seulement veiller à ses doigts, parce que le coup de bec est solide. Chose singulière pour un oiseau aussi robuste, il ne peut cependant avaler que de très-petits morceaux, autrement son cou se gonfle et il fait des efforts comme s'il allait étouffer. Mais à moins que sa gloutonnerie ne le porte exceptionnellement à trop se presser, cet accident ne lui arrive guère, parce qu'il s'y prend, pour manger les aliments durs ou volumineux, d'une façon très-adroite, que je n'ai jamais vu pratiquer par les paons ni par d'autres oiseaux du même genre. Il pose vigoureusement la patte sur ce qu'il ne peut manger d'un seul morceau, puis, à coups de bec qui briseraient la coquille d'une noix, il le met en miettes instantanément.

« Voilà pour les bons côtés ; il faut arriver maintenant au revers de la médaille, si l'on veut envisager le talégalle non pas seulement comme un oiseau curieux et amusant, mais aussi au point de vue des avantages et des inconvénients pratiques qui pourraient résulter de son acclimatation. Je vous ai dit que mon talégalle constructeur du nid ne passait plus que ses nuits dans le parc, et rôdait tout le jour autour du château ; malheureusement auprès du château sont des communs, et, attenante à ces communs, une basse-cour entourée de murs et de grillages. L'animal dont nous étudions les mœurs en a trouvé le chemin, et depuis ce moment il est à peu près impossible de l'en faire sortir, aux heures où il lui convient d'y résider. Il chasse les coqs et recherche les poules ; mais sa façon de les aborder, ajoutons même de les traiter, paraît à celles-ci tellement effrayante que, la peur leur donnant des ailes, elles passent par-dessus les murs, et s'enfuient de tous côtés, pour aller pondre on ne sait où. En un instant, la basse-cour est vide, alors il s'établit sur le fumier, l'écarte et le lance au loin dans l'abreuvoir, ou bien l'amoncelle comme s'il voulait construire un second nid. Je crois même qu'il en avait l'intention formelle, et je regrette qu'elle ait été impraticable. Cette mise en scène se renouvelle tous les jours. On le chasse : il ne s'effarouche en aucune sorte et revient immédiatement avec une effronterie divertissante.

« L'envahissement et les paniques de ma basse-cour se renouvelant journellement, au grand désespoir de la femme qui en prend soin, j'ai essayé d'introduire, dans le quartier des poules, des coqs de très-grande espèce, réputés très-méchants; mais le talégalle s'est jeté sur eux avec furie et les a poursuivis jusque dans les fossés secs du château, sans qu'ils essayassent presque de lui résister, fait qui n'a pas laissé de me surprendre, puisque chacun de ces coqs sait tenir tête aux paons, contre lesquels le despote enragé du poulailler évite pourtant de se mesurer.

« En voyant le trouble causé par un seul de ces oiseaux infatigables, je me demande ce que produirait la réunion de cinq ou six d'entre eux. Je sais bien que l'intention de la Société serait d'en peupler les bois et non les basses-cours, et que si le talégalle qui m'a été confié se trouvait dans une forêt, loin de toute habitation, il adopterait probablement une autre manière de vivre. Pourtant je ne puis m'empêcher de remarquer sa disposition à s'apprivoiser et à se domestiquer comme les paons et les volailles, et non pas à s'éloigner des habitations comme les faisans de diverses espèces, dont j'ai perdu plusieurs en essayant de les laisser en liberté. »

M. d'Hervey de Saint-Denys reçut plus tard de la Société d'Acclimatation deux talégalles femelles. Écoutons leur histoire : aussitôt en possession de ces nouveaux hôtes, M. d'Hervey de Saint-Denys fit placer le panier qui les renfermait sur un grand gazon où il avait pris soin d'attirer le mâle afin qu'une reconnaissance mutuelle eût lieu tout d'abord.

« A peine le panier fut-il ouvert, raconte-t-il, que les deux poules-talégalles s'enfuirent en prenant des directions différentes. L'une se sauva dans un massif, et de là dans les fossés du château, sandis que l'autre nous fit assister à un spectacle vraiment curieux. Le mâle s'élança vers elle avec ton impétuosité ordinaire, et la chassant devant lui à grands coups de bec, sans lui laisser un moment de répit, la conduisit tout droit à l'endroit du parc où il a construit son nid. Ensuite il revint précipitamment dans la cour du château. Était-ce pour chercher la seconde voyageuse ? Voilà ce que je ne saurais dire, puisque ce sont des faits et non des suppositions que nous devons consigner.

« Cette seconde femelle est restée pendant deux jours dans les fossés, où je lui ai fait jeter du grain. Un matin, le mâle est descendu dans les fossés à son tour, et, soit qu'il l'en ait chassée, soit qu'elle en fût déjà sortie, elle a gagné le parc, où on l'a rencontrée hier en compagnie de celle avec laquelle elle est arrivée ici. Elles paraissaient toutes deux fort bien portantes, mais ne se laissaient pas approcher. Il est du reste remarquable que plus le mâle se familiarise autour du château, moins les poules-talégalles sortent du bois. Quant au tyran, qui doit être aujourd'hui bigame, sinon trigame, il continue à tenir ses assises près du poulailler, depuis le matin jusqu'au soir, bouleversant le fumier et malmenant les poules d'une manière plus amusante pour moi que pour les filles de basse-cour.

« Depuis quelques jours, il paraît négliger son nid. Sans doute, l'époque de ce travail est passée. Reste à savoir si le nid contiendra des œufs ou n'aura été qu'un vain édifice. Je vous ai communiqué mes craintes à ce sujet. Personne jusqu'ici n'a vu le moindre petit talégalle dans le bois, malgré l'attention avec laquelle on y regarde. Au cas d'une heureuse découverte, je m'empresserais de vous l'annoncer. »

L'espoir de ce dernier événement ne s'est pas réalisé. Les deux derniers oiseaux sont restés plus sauvages que les premiers. Tous d'ailleurs allaient gîter de compagnie ou isolément sur les arbres du parc du Bréau, changeant sans cesse de domicile, et, chose remarquable, choisissant toujours une branche placée au-dessus de l'eau, et très-mince, de manière à se tenir à l'abri des bêtes, telles que fouines et putois. Le fameux mâle très-apprivoisé continua, lui, de rôder dans le jour autour du château ou dans la basse-cour; mais, la nuit, il retournait au parc. A l'entrée de l'hiver suivant, cet animal changea complétement d'habitudes, ses promenades autour du château devinrent moins fréquentes. Il ne visitait plus son nid. Il ne poursuivait plus les poules domestiques, et, chose assez singulière, la poche jaune qui lui pendait au cou comme un goître s'était tout à fait effacée, la peau s'étant resserrée et aplanie autour du cou. Il paraissait aussi moins hardi, calmé un peu sans doute qu'il était par le refroidissement de la saison. Il est bon de noter cependant que, dans les derniers jours de septembre, il avait encore toute sa furie et qu'il avait bel et bien tué à coups de bec sur la tête un coq cochinchinois de haute taille.

Au milieu de l'été de 1875, deux nouvelles femelles provenant du parc de M. Cornély furent lâchées dans le parc du Bréau. Au commencement de l'hiver les nids furent ouverts et l'on y recueillit une douzaine d'œufs tous fécondés sans que les petits en fussent sortis. Plusieurs petits enfermés dans les œufs avaient toutes leurs plumes, mais ils étaient morts dans la coquille avant de pouvoir la briser. Les froids de l'hiver furent fatals aux deux poules, l'une fut dévorée par un oiseau de proie, l'autre disparut on ne sait comment.

Au mois de mai 1876, M. A. de Rothschild envoya à M. d'Hervey de Saint-Denys deux poules du parc de Ferrières. Celles-ci formèrent immédiatement deux couples avec les deux talégalles mâles déjà parfaitement acclimatés. Chaque couple construisit deux nids, soit quatre en tout. Le plus petit de ces nids avait 95 centimètres de haut sur 8 mètres de tour ; le plus grand atteignait $1^m,20$ de haut avec une circonférence de 12 mètres. La construction du nid est le fait seul du mâle. C'est lui aussi qui creuse les trous destinés à recevoir les œufs et qui les bouche ensuite. Les œufs sont enfouis au centre du nid très-près les uns des autres.

Lors de la vérification des quatre nids dont nous venons de parler, l'un ne contenait aucune trace d'œufs, mais au centre des trois autres nids se trouvait un total de huit assemblages de petits débris de coquilles accompagnés chacun d'un petit sac (pellicule de l'intérieur de l'œuf) déchiré en plusieurs morceaux. Huit jeunes talégalles étaient éclos. Aucun œuf improductif n'avait été pondu. De cette jeune famille le propriétaire du Bréau n'a revu qu'un seul membre à la fois ; était-ce le même individu survivant seul de la nichée ? C'est ce qu'on ne saurait dire. Quant aux deux couples de parents mâles et femelles, ils étaient devenus tout à fait farouches.

Détails curieux donné par M. d'Hervey de Saint-Denys : un ménage de lapins avait eu l'audace d'établir son domicile et d'accroître sa famille à la base même du plus grand nid, percé à cet effet à une profondeur de plus d'un mètre, et cela sans que les talégalles s'en fussent émus le moins du monde. « 50 centimètres séparaient le terrier de la partie centrale du nid, où l'oiseau place ses œufs, posés de champ, à 7 ou 8 centimètres les uns des autres. »

Autre remarque assez singulière : « Depuis plus d'un mois, ajoute M. d'Hervey de Saint-Denys (1er déc. 1876), les talégalles ne travaillent plus à leurs nids, qu'ils laissent ravager par le vent et la pluie ; mais si l'on y touche, l'amour de l'architecte pour son œuvre est aussitôt ravivé. Jamais cet effet ne manque de se produire. C'est ainsi que les matériaux du dernier nid, que j'ai fait ouvrir avant-hier, ayant été éparpillés mais non enlevés immédiatement, l'oiseau à qui il appartenait a développé pour les relever une énergie si farouche qu'en la seule matinée d'hier le cône avait repris sa forme, à peu près comme si on n'y avait pas touché. Maintenant il ne s'en occupera plus et la neige pourra le recouvrir sans porter aucune trace de son retour. »

Après le talégalle, l'oiseau de cette singulière famille dont nous allons nous occuper est le *leipoa ocellata*, le *ngaou* des aborigènes des plaines de l'Australie occidentale, le *ngaou-ou* de ceux des montagnes, et le « faisan australien » des colons du même pays.

Il a la tête et la crête brun foncé, et les épaules et le cou gris cendré. Du bec à la poitrine, la

partie antérieure du cou est couverte de plumes
découpées en fer de lance et portant une raie
blanche à leur centre. Le dos et les ailes sont marqués de trois bandes distinctes, l'une blanc sale,
l'autre brune, la troisième noire ; ces bandes
affectent sur chaque plume la forme d'un œil, surtout au bout de celles qui constituent la seconde
rangée de l'aile. Les grandes plumes des ailes sont
brunes, elles ont leur dernière tache traversée de
deux ou trois lignes en zig-zag. Le ventre est
jaune clair, et les plumes des flancs ont une barre
noire à leur extrémité ; la queue, brun foncé, se
termine par une large marque jaunâtre ; enfin le
bec est noir et les pattes brun foncé.

Cette espèce d'oiseau dépose ses œufs dans un
tas de sable haut d'environ trois pieds. Le mâle et
la femelle contribuent, chacun de leur côté, à
élever cet édifice. Les naturels prétendent que,
pour y parvenir, ils grattent le sable à plusieurs
mètres à la ronde. L'intérieur présente plusieurs
couches superposées de feuilles sèches, d'herbes, etc., au milieu desquelles sont déposés douze
œufs que le couple a soin de recouvrir en attendant que le soleil les fasse éclore. Ainsi terminé, le
monticule de sable ressemble à un nid de fourmis.
Ces œufs, trois fois gros comme ceux de la poule,

sont blancs légèrement teintés de rouge, ils sont disposés par lits et toujours séparés les uns des autres.

Deux ou trois fois par saison, les naturels fouillent les buttes de sable pour s'emparer du contenu. Avant de les ouvrir, ils jugent du plus ou moins grand nombre d'œufs par le plus ou moins de plumes semées autour de l'éminence. La collection enlevée, la femelle vient repondre une seconde et souvent même une troisième fois.

Dans ces buttes on trouve souvent autant de fourmis que dans une fourmilière, et l'espèce de croûte de sable qui forme la base de la muraille extérieure devient parfois tellement dure qu'il faut un ciseau pour l'entamer.

Ces *monticules à œufs* ne se rencontrent d'ordinaire que dans les endroits où le sol est sec et sablonneux ; ils sont toujours couverts d'une espèce naine de *leptospermum*, de manière à les mettre à l'abri des pieds du voyageur qui quitterait les sentiers tracés par les naturels du pays.

Le faisan australien est plus petit que le dindon à grosse queue. Il vit davantage à terre et ne grimpe guère sur les arbres que lorsqu'il est poursuivi de près. Souvent même, dans ce cas, il se fourre la tête dans un buisson et s'y fait prendre. Comme le talégalle, il se nourrit surtout de baies et de graines. Il articule une note plaintive assez semblable au roucoulement du pigeon, mais plus sourde.

Le plus remarquable de ce groupe extraordinaire est, sans contredit, l'*oueregourga* des naturels de la péninsule de Cobourg, connu des colons de Port-Essington sous le nom de « poule des jungles » (*jungle-fowl*) et que les naturalistes ont nommé *megapodius tumulus*.

La tête et la crête de cet oiseau à longues pattes sont brun-rouge foncé. Il a le cou et tout le dessous du corps gris-sombre ; le dos et les ailes brun-rouge clair, et la queue couleur noisette foncée en dessus et en dessous. En général, les iris sont brun-noir ; mais chez quelques individus, ils sont brun-rouge clair. Son bec rougeâtre est bordé de jaune. Il a les jambes et les pattes jaune orange brillant. Sa grosseur est celle de la poule commune.

Quand M. Gilbert, le collaborateur de M. Gould, arriva à Port-Essington, certains habitants, membres probablement de la Société des Antiquaires, lui montrèrent de nombreux monticules de terre qu'ils lui désignèrent comme étant les anciens tombeaux des indigènes. Les naturels lui dirent de ne rien croire aux histoires de ces savants amateurs d'antiquités, et ils lui affirmèrent que loin d'être des lieux de sépulture, ces éminences étaient les nids où se couvaient les œufs de l'oueregourga. Personne, dans la colonie, ne voulut croire un fait qui renversait tellement les lois connues de l'incubation chez les oiseaux, et quand les véridiques sauvages apportèrent de gros œufs à l'appui de leur déclaration, ils furent traités comme le sont quelquefois les avocats qui veulent rendre leur cause trop bonne, et l'erreur n'en fut que mieux accréditée. Mais M. Gilbert, qui savait déjà quelque chose des habitudes du *leipoa*, prit avec lui un indigène intelligent, et s'embarqua vers le milieu de novembre pour Knocker's-Bay, sur la rade de Port-Essington, partie peu connue, mais où on lui avait annoncé qu'il trouverait beaucoup de ces oiseaux. Il prit terre près d'un fourré épais, et, après s'être éloigné de quelques pas de la côte, il aperçut un monticule de sable et de coquilles d'œufs mêlés à une espèce de fumier noir, dont la base reposait sur le sable du rivage, à quelques mètres au-dessus du niveau de la marée haute. Ce tumulus, de forme conique, haut d'un mètre cinquante centimètres sur une base de six mètres de circonférence, était enveloppé de toutes parts dans les tiges rampantes de l'*hibiscus* aux larges fleurs jaunes.

« — Qu'est-ce que c'est que cette éminence? demanda M. Gilbert à son Australien.

« — *Oueregourga rambal,* répondit celui-ci », c'est-à-dire un nid ou maison de la poule des jungles.

M. Gilbert grimpa sur le mamelon et trouva, dans un trou de soixante centimètres de profondeur, un jeune oiseau né sans doute depuis quelques jours, et reposant sur un lit de feuilles sèches. L'indi- gène assura à M. Gilbert qu'il serait tout à fait inu- tile de chercher des œufs, attendu qu'il n'y avait aucune trace récente des parents. Le natura- liste se contenta alors du jeune oiseau, qu'il en- ferma dans une grande boîte avec une certaine quantité de sable et de blé pilé pour sa nourri- ture.

L'animal mangeait assez bien, mais il était d'une intraitable sauvagerie, et le troisième jour de sa captivité il faisait tous les efforts possibles pour s'é- chapper. Pendant tout le temps qu'il resta dans la boîte, il ne cessa de gratter le sable et de le mettre en petit tas. Il n'était pas plus gros qu'une caille; cependant la vigueur et la rapidité avec lesquelles

il jetait son sable d'un bout de la boîte à l'autre
étaient quelque chose de surprenant. Ce pauvre
M. Gilbert ne pouvait guère prendre de sommeil
avec son turbulent prisonnier. Toute la nuit, l'oiseau faisait un abominable vacarme dans ses ten-
tatives d'escalade et de fuite. Il ne se servait que
d'une patte pour gratter le sable, et quand il en
avait saisi *une poignée*, il le rejetait derrière lui
sans efforts et sans bouger de sa position sur
l'autre jambe. Tout ce mouvement de l'oiseau ne
parut être à M. Gilbert que le résultat de son
inquiétude et d'un violent besoin d'exercice. Ce
n'était point pour chercher les graines dans
le sable; car jamais, dans ces circonstances,
M. Gilbert ne le vit manger le blé qui y était
mêlé.

Tous les jours, on apportait des œufs à M. Gilbert; mais il ne put en voir extraire des monticules qu'au commencement de février, à une
autre visite à Knocker's Bay; il fallut creuser deux
mètres pour les avoir. Dans ce tumulus, les trous
étaient percés non point en ligne perpendiculaire,
mais obliquement du sommet du cône aux parois,
de manière que, bien qu'à deux mètres de profondeur, les œufs n'étaient qu'à soixante ou quatre-
vingts centimètres des côtés.

Les oiseaux, paraît-il, ne pondent qu'un œuf dans chaque trou et aussitôt après ils remplissent l'ouverture avec de la terre légère. Les flancs et le sommet de la montagne trahissent les récentes excavations de l'oiseau par les empreintes de ses pattes sur le sable. La terre avec laquelle il rebouche ses trous est tellement peu foulée, qu'avec une perche on peut pénétrer jusqu'à l'œuf. Le plus ou moins de résistance de la terre, en enfonçant la perche, indique le plus ou moins de temps écoulé depuis le travail de l'oiseau.

Ce n'est pas chose facile que cette chasse aux œufs. Les naturels creusent la butte avec leurs mains seulement et y font un trou assez grand pour y passer le corps et pouvoir rejeter le sable entre leurs jambes. En grattant ainsi avec leurs doigts, ils suivent plus sûrement la direction du trou qui, souvent, rencontrant un obstacle trop dur, change de route et tourne à angle droit au milieu du trajet. Aussi la patiente persévérance du sauvage est souvent mise à l'épreuve dans ces opérations. Pour avoir deux œufs, l'Australien de M. Gilbert creusa successivement sans succès six trous de près de deux mètres et demi de profondeur. Fatigué de son travail inutile, il refusa de tenter une septième épreuve ; mais M. Gilbert

tenait tellement à vérifier l'authenticité du fait à
lui dénoncé, qu'il promit un supplément de récompense pour une nouvelle tentative. Celle-ci fut
couronnée d'un plein succès : cette fois, le naturel
ramena un œuf, et, tout fier de sa découverte, il
recommença deux fois son travail et en rapporta
un second. « Ceci prouve, ajoute le bon M. Gilbert,
combien les Européens doivent se garder de toujours repousser les naïfs récits de ces pauvres enfants de là nature, parce qu'ils peuvent se trouver
en désaccord avec nos connaissances et l'ordre
ordinaire des choses. »

Dans un autre mamelon, M. Gilbert, aidé de son
indigène, découvrit, après un pénible travail, un
œuf enseveli à un mètre cinquante centimètres de
profondeur. Cet œuf était placé tout droit. Le monticule avait près de cinq mètres d'élévation et couvrait une circonférence de vingt mètres à la base.
Il était, comme presque tous ceux qu'avait vus
M. Gilbert, tellement caché sous l'épais feuillage
des arbres qui l'entouraient, qu'il était impossible
que les rayons du soleil l'éclairassent jamais. Les
trous qui le traversaient commençaient au bord
intérieur du cône, et descendaient obliquement
vers le centre. On y sentait parfaitement la chaleur
avec la main

On se demande maintenant comment font les jeunes oiseaux pour sortir du tombeau où ils ont été littéralement enterrés vivants.

Cette question semble encore à l'état de mystère.

Des naturels ont dit à M. Gould que les petits sortent sans aucune assistance ; d'autres ont prétendu que les parents, quand le temps est venu, pratiquent des issues souterraines pour délivrer leur progéniture.

C'est presque toujours près du rivage, dans le fourré le plus épais, que M. Gilbert a rencontré le mégapode. Il n'y a pas d'apparence qu'on le trouve bien loin dans l'intérieur des terres, si ce n'est au sommet des côtes de quelques criques profondes. Ces oiseaux vont ou seuls ou par couples. Ils ramassent à terre leur nourriture, qui consiste surtout en racines, que leurs ongles puissants leur permettent de déterrer. Ils se nourrissent aussi de graines, de baies et d'insectes, particulièrement de gros coléoptères.

Il n'est pas facile de prendre ces singuliers bipèdes, et quoiqu'on entende souvent le battement de leurs ailes, dans leur fuite, quand on approche de leurs habitations, il est très-rare qu'on puisse les apprivoiser jamais. Ils ont un vol pesant qui ne paraît pas pouvoir se soutenir longtemps.

Quand une poule des jungles est inquiète, elle commence invariablement par gagner un arbre sur lequel elle se perche ; puis, le corps droit, la tête haute et le cou perpendiculaire, elle reste immobile dans cette attitude. Lorsqu'elle est poursuivie de près, elle s'envole péniblement à une distance de quelque deux cents mètres en ligne horizontale et les jambes pendantes.

M. Gilbert n'a jamais été à même d'entendre la voix de l'oiseau ; mais les naturels la lui ont décrite et l'ont imitée devant lui. D'après eux, ce serait une espèce de gloussement semblable à celui de la poule domestique, mais qui se terminerait un peu comme le cri du paon. Suivant les observations du même naturaliste, le *megapodius tumulus*, qui commence à pondre à la fin d'août, continuait encore en mars, époque à laquelle M. Gilbert a quitté le pays ; à en croire les naturels, il ne se repose que quatre ou cinq mois, pendant la saison des chaleurs.

M. Gilbert a encore remarqué que les matières qui composent les tumulus ont une certaine influence sur la coloration de l'épais épiderme qui recouvre la coquille de l'œuf. Cette pellicule tombe promptement et laisse à nu une coquille extrêmement blanche. Par exemple, les œufs enfouis dans un terrain noir sont extérieurement brun rouge foncé, tandis que ceux qui sont déposés dans une terre sablonneuse ont une couleur blanc sale jaunâtre. Leur grosseur varie considérablement, mais ils ont tous la même forme et sont aussi ronds d'un bout que de l'autre. On peut leur donner, comme mesure moyenne, quatre-vingt-cinq millimètres de haut sur cinquante-cinq millimètres de large.

La distribution géographique de ce singulier groupe d'oiseaux ne se confine pas à l'Australie, elle s'étend jusqu'aux îles Philippines, à travers l'Archipel indien.

Dans ces mêmes contrées, qui possèdent des oiseaux aussi singuliers que le talégalle, le faisan australien et le mégapode, on rencontre aussi les exemples de constructions les plus extraordinaires qu'on puisse imaginer en fait de nidification. On croirait lire un conte des *Mille et une Nuits* lorsqu'on étudie les mœurs des architectes de ces élégants petits palais.

Les oiseaux constructeurs de berceaux (*bower-birds*) de l'Australie montrent dans la confection et la décoration des édifices qu'ils bâtissent pour leur servir de lieux de réunion et d'amusement, un génie et un goût qui les rangent infiniment au-dessus de tous ceux de leur race que nous connaissions.

Leurs constructions et leurs collections — car ce sont d'ardents et infatigables amateurs de raretés, — ont longtemps attiré l'attention des voyageurs, sans que ceux-ci aient su à quelle cause attribuer les phénomènes qui se présentèrent quelquefois ainsi sur leur route. C'est au savant M. Gould que nous devons encore l'éclaircissement de ce mystère. Il a guetté les ouvriers à leur travail et il a obtenu deux berceaux complets qu'il a donnés, l'un au Musée national de Londres, l'autre au Musée de Leyde.

C'est au Musée de Sydney que M. Gould a pu observer la première fois un de ces singuliers édifices voûtés en forme de berceau, d'où l'oiseau a tiré son nom. C'était un don de M. Charles Coxen, qui l'avait présenté comme l'œuvre de l'*oiseau-à-berceaux satiné*. L'opiniâtre M. Gould résolut alors de ne rien négliger pour étudier les mœurs de ce merveilleux animal ; et, en visitant les cédrières des coteaux de Liverpool (Australie), il découvrit plusieurs de ces berceaux de différentes grandeurs, situés la plupart à l'ombre des longues branches traînantes des arbres de la forêt. Mais laissons parler M. Gould.

« La base de l'édifice, dit-il, consiste en une large plate-forme un peu convexe, faite de bâtons

solidement entrelacés. Au centre s'élève le berceau, construit également en petites branches
reliées à celles de la plate-forme, mais plus
flexibles. Ces baguettes, recourbées à leur extrémité, sont disposées de manière à se réunir en
voûte; la charpente du berceau est placée de telle
sorte que les fourches présentées par les baguettes
sont toutes tournées en dehors, de manière à n'opposer à l'intérieur aucune espèce d'obstacle au
passage des oiseaux. L'élégance de ce curieux berceau est encore rehaussée par les décorations qui
en tapissent l'intérieur et l'entrée. L'oiseau y en-
tasse tous les objets de couleur éclatante qu'il peut
ramasser, tels que les plumes bleues du perroquet
de Rosehill, des os blanchis, des coquilles d'escar-
gots, etc., etc. Certaines plumes sont entrelacées dans la charpente du cerceau ; d'autres,
avec les os et les coquilles, en jonchent les entrées.

« Le penchant naturel de ces oiseaux à ramasser tout ce qu'ils trouvent à leur convenance et à
l'emporter en s'envolant est si bien connu des
naturels que, quand il leur manque quelques petits
objets, par exemple, un tuyau de pipe ou autre
chose semblable qu'ils peuvent avoir perdu dans
les broussailles, ils se mettent à la recherche des
berceaux, sûrs de l'y retrouver. Moi-même, j'ai

rencontré à l'entrée d'un berceau une jolie petite pierre de tomahawk d'un pouce et demi de hauteur, très-finement travaillée, mêlée à des chiffons de coton bleu, que les oiseaux avaient bien certainement ramassée dans un ancien campement d'indigènes. »

On ne sait pas encore bien le but de ces curieux berceaux. Les oiseaux ne s'en servent pas comme de nids ; ce sont plutôt pour eux une espèce de lieu de rendez-vous où un grand nombre d'individus des deux sexes viennent jouer et s'accoupler pendant la période d'incubation.

« C'est à cette époque, dit M. Gould, que je visitai ces localités. Les berceaux que je rencontrai avaient subi de récentes réparations ; cependant il était facile de reconnaître, à l'inspection des objets qui y étaient accumulés, que le même endroit avait déjà dû servir plusieurs années, M. Charles Coxen m'a dit qu'après avoir détruit un de ces berceaux, il avait eu la satisfaction de le voir reconstruire presque en entier d'une cachette qu'il s'était ménagée. Les oiseaux qui firent ce travail étaient, m'a-t-il dit, des femelles. »

Tels sont les édifices construits par l'*oiseau à berceaux satiné*, ou *velouté*, connu sous le nom de pirolle (*ptilonorhynchus holosericeus*, Khul), le *caouré* des aborigènes de la côte de la Nouvelle-Galles du Sud.

Le plumage de l'adulte mâle est d'un noir bleu luisant qui justifie bien l'épithète de *satiné* qu'on lui donne ; mais les premières grandes plumes des ailes, également très-noires, ont plutôt un aspect velouté. Le dessus des ailes et les plumes de la queue sont aussi d'un noir de velours, moucheté de reflets brillants noir bleu. Les yeux sont bleu clair, et la pupille est cerclée de rouge. Le bec, de corne bleuâtre, se termine graduellement en jaune à la pointe. Les jambes et les pattes sont d'un blanc jaunâtre.

La tête et toute la surface supérieure du corps de la femelle sont vert grisâtre ; les ailes et la queue soufre foncé. Les tons sont les mêmes en dessous, mais beaucoup plus légers et teintés de jaune, et les plumes de cette partie ont l'air d'être disposées en échelons, parce qu'elles se terminent toutes par une bordure brune très-foncée. L'iris est plus bleu que chez le mâle, et le cercle rouge n'est qu'indiqué. Le bec est noir et les pattes brun jaunâtre teinté de noir luisant.

Les jeunes mâles ressemblent beaucoup aux femelles avec cette différence que le dessous du corps est d'un jaune plus vert et les échelons plus nombreux. Chez eux l'iris est bleu foncé, les pieds olive foncé, et le bec noir olivâtre.

Quelque élégants et ingénieux que soient les petits palais de l'oiseau à berceaux *satiné*, il existe d'autres architectes de la même famille qui déploient dans leurs édifices une science et une habileté plus remarquables encore.

L'oiseau à berceaux *tacheté* (1) habite l'intérieur des terres. M. Gould le suppose répandu sur toute la surface centrale du continent australien; mais les seuls endroits où il lui ait été possible de l'observer et d'où il se soit procuré les individus qu'il a étudiés, sont les cantons immédiatement au nord de la colonie de la Nouvelle-Galles du Sud. Pendant son voyage dans l'intérieur, le naturaliste remarqua surtout cet oiseau à Brezi, sur la rivière Mokaï, et au nord des plaines de Liverpool. On le rencontrait aussi en grand nombre dans les plaines arides qui touchent au Namoï, et au milieu des buissons qui les coupent. Il a fallu à M. Gould toute la ténacité de son esprit observateur pour se rendre compte des mœurs de ce petit oiseau, si timide et si sauvage qu'il ne se laisse jamais approcher d'assez près pour qu'on puisse distinguer la cou-

1. *Chlamidera maculata.* — Gould.

leur de son plumage. Sa voix perçante et gutturale trahit toujours sa retraite; mais, dès qu'on vient l'y déranger, il gagne le faîte des plus grands arbres, s'envole et disparaît!

C'est en montant une garde assidue auprès des lieux où ils viennent boire, que M. Gould a pu s'en procurer quelques-uns. Un jour, après une longue sécheresse, le voyageur se fit conduire par un Australien vers un bassin creusé naturellement dans le roc, où, depuis plusieurs mois, l'eau des pluies avait été retenue. A ce réservoir, qui jamais peut-être auparavant n'avait réfléchi un visage européen, une armée d'oiseaux à berceaux tachetés, de perruches et d'oiseaux chercheurs-de-miel étaient venus se désaltérer. La présence de M. Gould parut d'abord éveiller les soupçons de la troupe; mais comme il eut soin de se tenir couché par terre dans une complète immobilité, la soif l'emporta sur la terreur, et le voyageur eut la satisfaction de voir ces petits êtres venir tout près de lui prendre leur gorgée sans s'inquiéter davantage d'un énorme serpent noir roulé autour d'un tronc d'arbre dont le pied baignait dans l'eau. Le zélé naturaliste revint trois jours de suite à ce poste intéressant. De toute la gent ailée qui se réunissait là, les oiseaux à berceaux tachetés étaient les

plus nombreux et aussi les plus farouches. Néanmoins il put les contempler à son aise et admirer leurs splendides couleurs. Il estime que si les
pluies avaient encore tardé, le peu d'eau qui restait
dans la cavité du roc n'eût pas manqué d'être bientôt absorbé par les milliers d'oiseaux qui venaient
chaque jour y étancher leur soif.

M. Gould a découvert, dans son voyage d'exploration à l'intérieur, plusieurs berceaux de cette
dernière espèce de constructeurs. Le plus beau de
ceux qu'il a rapportés en Angleterre est maintenant au Musée national. Il les a trouvés situés en
des endroits fort divers, tantôt dans les plaines
envahies par l'*acacia pendula*, tantôt au milieu des
buissons qui hérissent le versant des collines.
D'après la description qu'il fait de ces sortes de
berceaux, ils sont infiniment plus longs que ceux
de l'oiseau à berceaux satiné; ils ont plus l'air de
tonnelles et forment souvent une avenue couverte,
longue de plus d'un mètre. L'extérieur est fait
de baguettes artistement reliées avec de grandes
herbes et courbées de manière à se réunir par le
haut. Les décorations y sont semées à profusion
et consistent surtout en coquillages bivalves, en
carapaces d'insectes, en petits os, etc.

« L'intelligence inventive et réfléchie de cette

espèce, continue M. Gould, se manifeste dans l'é-
difice tout entier et dans sa décoration, surtout
aussi dans la manière dont les pierres sont disposées dans la construction, probablement pour que
les herbes qui en relient la charpente ne puissent
se désunir. Ces rangées de pierres partant de l'entrée du berceau s'en vont en divergeant de chaque
côté, de manière à former un petit sentier qui est
le même aux deux bouts de la tonnelle. Au centre
de l'avenue, à l'entrée du portique, s'élève une
immense collection de matériaux de toute nature
servant à décorer la place : ce sont des coquillages,
des plumes, des os, etc., arrangement qui se ré-
pète à l'autre porte. Dans quelques-uns des plus
grands berceaux que j'ai vus, œuvre évidemment
de plusieurs années, il y avait à chaque entrée plus
d'un demi-boisseau de ces ornements. Dans quelques circonstances, j'ai rencontré de petits berceaux presque entièrement fabriqués d'herbage ;
j'ai cru voir là le commencement d'un nouveau
lieu de rendez-vous.

« J'ai souvent trouvé de ces constructions à une
distance considérable des rivières. Ce n'est cependant que sur le bord des courants que les petits
architectes peuvent se procurer les coquillages et
les petits cailloux ronds qu'ils emploient ; jugez,

par conséquent, des efforts et du travail qu'exige leur collection. Comme ces oiseaux se nourrissent presque exclusivement de grains et de fruits, les coquillages et les os ne peuvent avoir été ramassés que pour servir à la décoration de leurs édifices ; d'ailleurs, ils ne prennent que ceux que le soleil a parfaitement blanchis ou que les naturels ont fait cuire et qui, par suite, sont devenus blancs.

« Je me suis convaincu que ces berceaux, comme ceux de l'oiseau satiné, forment le lieu de rendez-vous de plusieurs individus, car de la cachette où j'étais en observation j'ai tué deux mâles que j'avais vus auparavant passer sous les arceaux de la petite avenue. »

L'oiseau à berceaux tacheté possède un remar-quable plumage. Le sommet de la tête est d'une couleur brune magnifique, qui descend latérale-ment et se réunit sous le gosier ; ces plumes sont chacune bordées d'une étroite frange noire et sur le crâne elles se terminent par une pointe gris-argenté. Sur la partie supérieure du cou descend une bande rose clair, dont les longues plumes for-ment comme une sorte de crête occipitale. Les ailes, le dos et la queue sont brun foncé, et les plumes du dos et du croupion, les scapulaires et les secondaires, se terminent toutes par une tache jaune chamois très-foncé. Les grandes plumes des ailes sont légèrement teintées de blanc par le bout, et celles de la queue ont l'extrémité chamois clair. Le dessous du corps est d'un blanc grisâtre. Les plumes des flancs sont zébrées de lignes brunes transversales dont la teinte se fond en mourant. Le bec et les pattes sont brun sombre. Le coin du bec est nu ; c'est une peau épaisse, proéminente et rose. Les iris sont brun foncé.

Le ton rosé du jabot n'appartient qu'aux adultes des deux sexes ; les petits de l'année ne l'ont pas.

Il existe une troisième espèce de constructeurs, le *grand oiseau à berceaux* (1). Cet oiseau est probablement l'architecte de ces berceaux que le capitaine Grey trouva dans ses excursions en Australie et qui l'intéressèrent d'autant plus qu'il ignorait s'ils étaient l'œuvre d'un oiseau ou d'un quadrupède, dernière supposition vers laquelle il inclinait. Ils étaient faits d'herbes sèches et de branches plantées à une petite profondeur dans deux sillons parallèles creusés dans un terrain sablonneux. Le haut de ces palissades se réunissait gracieusement en voûte. Ces petits édifices étaient toujours pleins de débris de coquillages de

____
1. *Chlamidera nucalis.*

mer dont on voyait aussi des monceaux à chaque entrée de l'arcade. Dans un de ces berceaux, le plus avant dans les terres qu'ait rencontré le capitaine Grey, il y avait un tas de noyaux d'un fruit qui, évidemment, avait dû être transporté là. Jamais le voyageur ne vit l'animal dans l'intérieur ou aux bords de ces berceaux ; seulement , de nombreuses déjections d'une petite espèce de kangurou qui se trouvaient tout près, l'induisirent à supposer qu'ils pourraient bien être l'œuvre de quelque quadrupède.

Voici donc une variété d'oiseaux dont l'intelligence n'est pas bornée seulement aux fins ordinaires de l'existence, de la conservation personnelle et de la reproduction de l'espèce, mais qui s'élève jusqu'à chercher dans la vie les jouissances du luxe et des plaisirs. Leurs berceaux sont leurs salles de bals et de réunion, leurs boudoirs privilégiés.

Les oiseaux à berceaux satinés se réunissent en automne par petites troupes, surtout dans le voisinage des rivières. Le mâle a un cri clair et perçant, et, souvent, mâles et femelles poussent ensemble une note rude et gutturale qui paraît exprimer la surprise et le mécontentement. En rebondissant sur la terre du haut de l'Olympe la fatale pomme de discorde n'a pas atteint que les seuls humains !

VII

L'ARAIGNÉE DÉGUISÉE. — L'ARAIGNÉE A TRAPPE.

Les diverses formes de la vie animale se rencontrent toujours en plus grand nombre là où leur nourriture particulière est la plus abondante, et c'est à cette cause qu'il faut attribuer le peu d'araignées qu'on trouve, comparativement parlant, dans l'Amérique du Sud : nulle part, en effet, les diptères ou mouches à deux ailes, dont elles se nourrissent principalemeut, ne sont aussi peu nombreuses, — circonstance d'autant plus bizarre que nulle part les autres espèces d'insectes ne pullulent au même degré. Il est probable, cependant, que l'on ne connaît encore qu'une très-petite portion de la famille des araignées, car un très-grand nombre d'entre elles sont établies dans les branches les plus élevées des arbres des forèts de l'intérieur, où elles échappent aux regards des rares collectionneurs qui pénètrent jusque-là.

Cette supposition acquiert plus de force lorsqu'on songe combien d'espèces, jusqu'alors inconnues, ont été récemment découvertes dans notre Europe occidentale, si bien explorée. Les araignées que l'on connaît dans la Guyane appartiennent surtout à cette branche de la famille qu'on désigne sous le non d'araignées « chasseuses » ou « chasseresses », parce qu'elles ne tissent pas de toiles pour attraper leur proie comme la plupart des araignées de nos climats, mais se tiennent en embuscade, à la manière des félins parmi les quadrupèdes, et fondent sur leurs victimes au moment où celles-ci ne s'y attendent point. On trouve beaucoup de petites araignées de cette sorte dans les maisons du Démérary, où il est facile d'observer leurs habitudes et leur manœuvres.

« Souvent, écrit un voyageur anglais, dont les récits ont été publiés dans les *Household Words*, il m'est arrivé de rester assis, pendant des heures entières, à suivre leurs opérations sur le plancher, sur le mur, sur la jalousie, où leurs formes compactes pouvaient à peine se distinguer, à l'état d'immobilité, d'une tête de clou ou d'un nœud dans le bois. Une mouche vient se poser à trois pieds ou environ d'un de ces maraudeurs à l'affût. Celui-ci l'a aperçue aussitôt, qu'elle soit derrière lui

ou devant, peu importe, car l'araignée peut voir
de tous les côtés. Avec quel empressement, mais
en même temps avec quelle précaution, la bête
traîtresse s'avance vers sa victime, qui ne se doute
pas de ce dangereux voisinage ! Tantôt elle fait
quelques pas furtifs, tantôt elle s'arrête ; enfin elle
est parvenue à réduire des deux tiers la distance
qui la séparait de la mouche ; elle est maintenant
dans le cercle visuel de celle-ci, et un mouvement
imprudent compromettrait le succès de ses calculs.
Toutes ses facultés sont sur le qui-vive ; la mouche
avance, l'araignée aussi ; — elle se porte d'un côté,
l'araignée s'y porte également ; — elle recule, l'a-
raignée fait de même : un seul esprit semble animer les deux corps, tant il y a un ensemble parfait
dans leurs mouvements ; en avant, en arrière, obliquement, l'araignée se meut avec la même facilité ;
—elle glisse, au besoin, latéralement à la mouche,
aussi régulièrement et aussi silencieusement que
son ombre.

« Cependant la mouche s'est arrêtée : peut-être
est-elle aux prises avec quelque grain de sucre
égaré sur le plancher où se trouve-t-elle occupée à
nettoyer sa petite tête, sur laquelle se sont fixées
quelques particules de poussière, — car mesdames
les mouches sont fort délicates sous ce rapport ;

nous nous permettrions même de dire qu'elles sont
des modèles de propreté, si nous ne craignions les
réclamations de nos servantes et de nos cuisinières,
qui sont sans doute peu édifiées d'avoir à recouvrir
de housses les dorures du salon et à effacer sur
leurs casseroles luisantes les traces irrévérencieuses
du passage de l'insecte ailé. Peut-être encore la
mouche surveille-t-elle de ses yeux en microscope
quelques combats furieux que se livrent à ses pieds
des milliers d'animalcules dont la petitesse se dé-
robe à nos regards, et pense-t-elle avec un sourire
de pitié méprisant, qu'elle pourrait couvrir de sa
puissante patte le champ de bataille tout entier.
Hélas! pourquoi l'avis : « Garde à vous! » n'a-t-il
pas été écrit sous son nez en caractères appropriés
à ses sens et à son intelligence? L'araignée s'est
approchée de plus en plus : on ne peut surprendre
ses mouvements tant ils sont circonspects ; on
s'aperçoit seulement que l'intervalle entre elle et
sa victime diminue peu à peu. Elle n'en est plus
qu'à quelques pouces, peut-être à quatre ou cinq :
— elle se dispose à s'élancer..... La mouche est
sans doute absorbée dans la contemplation de
quelque Hector atomique entraîné du champ de
carnage par quelque vaillant Achille..... O réveil
plein d'horreur ! — un élan, — un bond, — et

voilà notre pauvre mouche étreinte dans des serres qui ne connaissent ni pitié ni remords. »

Ces araignées sont merveilleusement organisées pour sauter ; aussi sautent-elles à des distances considérables, eu égard à leur taille ; leur bond équivaut à plus de cinquante mètres pour un tigre, à plus de trente mètres pour un kangurou, le meilleur sauteur peut-être des quadrupèdes et qui ne franchit pas moins de six mètres dans chacun de ses bonds. Quelques-unes de ces araignées chasseresses se cachent parmi les feuilles ou dans les crevasses de l'écorce des arbres ; d'autres, plus ingénieuses, se tiennent en embuscade dans les calices et parmi les pétales des fleurs, où il est à présumer que beaucoup d'entre elles, à la faveur des couleurs dont les a revêtues la nature, trompent leur proie en prenant l'apparence de pistils et d'étamines.

Les araignées terrières, du genre *mygales* des naturalistes, creusent dans la terre des trous circulaires ayant quelquefois jusqu'à un mètre de profondeur, dont elles tapissent les parois d'une épaisse toile soyeuse ; elles se garantissent, elles et leurs petits, contre toute intrusion importune, en fermant l'entrée de cette habitation par une trappe formée de petits fragments de terre, qu'il n'est pas possible, lorsqu'elle est abaissée, de distinguer du sol environnant.

Une autre espèce fileuse, appartenant au même genre et observée au Brésil par Swainson, construit une sorte de boîte en terre et en tissu, avec un couvercle à ressort, qu'elle suspend au centre de sa toile, et où elle se réfugie à l'approche d'un danger quelconque.

Les araignées à habitations souterraines, dont il vient d'être parlé plus haut, ont été étudiées attentivement à la Jamaïque par M. P. H. Gosse. Nous ne saurions mieux faire que de transcrire ici le passage que le savant voyageur naturaliste a consacré dans son livre (1) à ces bizarres architectes et à leurs merveilleuses constructions.

« En bêchant leurs jardins, dit M. Gosse, les nègres mettent souvent à nu le nid souterrain de l'araignée à trappe (*cteniza nidulans*). On m'a très-souvent apporté de ces curieux édifices. Cette araignée construit son nid tubulé dans la terre molle, choisissant de préférence la terre cultivée, sans doute à cause de cette qualité. Chaque nid, cylindrique ou à peu près, a de quatre à dix pouces

____

1. *A Naturalist's Sojourn in Jamaica.*

(10 à 25 centimètres) de profondeur sur un pouce (25 milimètres) de diamètre ; le fond en est arrondi, et l'ouverture, placée toujours à la surface du sol, est soigneusement bouchée par un couvercle circulaire.

« Ces nids ne sont pas tous également bien finis. Il y en a de plus ou moins compactes et dont le couvercle est plus ou moins bien adapté ; d'autres irrégulièrement bombés, avec des lambeaux qui pendent à l'extérieur, mais tous sont lisses et soyeux à l'intérieur. La douceur des parois n'empêche pas, cependant, certaines irrégularités de surface. La partie interne n'est pas luisante : elle ressemble assez à du papier qui aurait été mouillé et séché ; elle est toujours d'une couleur chamois rougeâtre, mais l'extérieur prend la teinte de la terre qui l'environne. L'ouverture du tube et les parties qui l'avoisinent sont très-fortes ; les parois ont souvent là une épaisseur d'un huitième à un quart de pouce, mais au fond elles sont beaucoup plus minces. Le couvercle ne fait qu'un avec le tube sur un tiers environ de la circonférence ; c'est ce qu'on pourrait appeler la charnière, quoique cette partie ne présente pas de structure qui lui soit propre. Le couvercle est simplement plié à angle droit, —

ce dont on s'aperçoit facilement en partageant le nid dans son entier avec des ciseaux au moyen d'une incision longitudinale passant par le milieu du couvercle.

« J'ai examiné un grand nombre de ces nids, et voici, je suppose, quelle est leur mode de construction. L'araignée creuse dans la terre humide un trou cylindrique à l'aide de ses crochets ou mandibules, ayant soin de rejeter au dehors tout fragment de terre à mesure qu'elle le détache. Quand l'excavation est une fois en train, elle commence à filer le revêtement intérieur qui constitue l'édifice. Ce qui me le fait croire, c'est qu'on trouve parfois des nids d'une très-faible profondeur dont le couvercle et la partie supérieure sont achevés, mais dont le fond n'existe pas encore. Évidemment, ce sont là des nids en cours de construction.

« Je suppose que l'araignée tisse sa trame par pièces détachées contre les parois de son trou, peut-être aux endroits où la terre plus friable pourrait s'affaiser ; c'est ce qui explique les paquets de fils irréguliers qui font saillie sur la surface externe. Ces pièces sont reliées entre elles par d'autres pièces qui vont s'agrandissant toujours jusqu'à ce que toute la muraille soit tapissée ;

après quoi le fil se contourne intérieurement, d'une manière continue, en couches successives d'une texture très-dense quoique peu épaisse. Sous un microscope d'une puissance de 220 diamètres, ces couches se résument en fils qui s'entrecroisent et s'entortillent d'une façon très-irrégulière ; les uns sont simples et de 1/7000 à 1/2000 de pouce en diamètre (1) ; les autres sont composés, c'est-à-dire qu'on trouve dans un tissu séparé plusieurs fils qui vont se réunir à un tissu plus épais qui ne se divise pas,

« Aucune parcelle de terre n'est ajoutée au fil pour former les couches extérieures de l'édifice, bien que la nature adhésive du fil fasse qu'il reste des fragments de terre attachés à la surface externe. L'ouverture du tube est d'ordinaire un peu dilatée, de manière à former un rebord légèrement recourbé ; et le couvercle est parfois un peu convexe à l'intérieur, de manière à tomber plus sûrement sur l'entrée et la boucher complètement. L'épaississement de la charnière, par suite des couches additionnelles, n'est, je crois, qu'accidentel, attendu que, dans le grand nombre de nids que j'ai examinés, je n'ai remarqué ce mode de structure que sur un ou deux. Dans les échan—

1. Le pouce anglais équivaut à 25 de nos millimètres.

tillons les plus parfaits, l'épaisseur est la même dans toute l'étendue du couvercle, lequel fait corps avec les parois et s'y enchevêtre jusqu'à la profondeur de quelques pouces.

« J'ai sous les yeux un nid d'une compacité toute particulière, je l'ai ouvert dans sa longueur avec des ciseaux, comme je l'ai expliqué tout à l'heure. L'épaisseur de la substance ne dépasse nulle part 1/16 de pouce (soit un peu plus d'un millimètre et demi) et se maintient ainsi très-régulièrement à travers le couvercle et les parties supérieures. L'aspect de la tranche ressemble à celle d'un carton de pâte ainsi partagé, tant les couches qui la composent sont nombreuses et compactes, surtout à l'intérieur, où l'on a peine à les distinguer, même à l'aide de la loupe. J'ai trouvé dans ce spécimen ce que je n'ai rencontré sur aucun autre : il existe une rangée de petits trous tels que pourrait en faire une aiguille très-fine tout autour du bord mobile du couvercle, et une double rangée de petits trous semblables se voit aussi sur le bord immédiat du tube. Il y a une quinzaine de piqûres dans chaque série, et ces piqûres traversent la substance d'outre en outre, de manière à laisser parfaitement pénétrer la lumière à travers chaque trou.

« Maintenant, à quoi servent ces orifices ? Je ne crois pas, ainsi que je l'ai lu quelque part, que l'araignée y trouve un point d'appui pour ses crochets, quand elle veut se barricader chez elle contre les efforts d'un ennemi ; de quelle utilité lui seraient, en effet, les trous placés tout au bord du tube, si près du bord même, qu'entre les trous du couvercle et ces derniers il n'y a pas un huitième de pouce quand le couvercle est complètement fermé ? Je me demande si ce ne serait pas plutôt des ventilateurs pour renouveler l'air ; car la trappe ferme si hermétiquement et le tissu général est si compacte, que, sans cette combinaison, le tube serait imperméable à l'air. Et puis les trous du couvercle, placés horizontalement, pouvant être aisément bouchés par des parcelles de terre, la seconde rangée qui crénèle les bords du tube perpendiculaire, juste à la surface du sol, suppléerait en pareil cas. Ils peuvent également servir à donner du jour.

« L'araignée qui habite ce nid est noire, avec le thorax d'un poli excessivement brillant ; elle a l'abdomen plein et rond et les pattes très-courtes. A la moindre alarme elle se retire au fond de son tube, d'où il n'est pas facile de la déloger, et quand on l'en a tirée, elle semble inerte et sans force.

Toutefois, elle est fort redoutée, car sa morsure cause, dit-on, de l'enflure et des accès de fièvre douloureux. »

Mais, de toutes les araignées qui chassent leur proie sur la terre, dans les branches des arbres, parmi les feuilles des fleurs, qui se creusent des trous dans le sol ou qui tissent des toiles délicates, il n'en est pas qui surpasse, par la singularité de ses habitudes, celle dont il va être ici question.

« Ce fut vers le milieu d'une journée passée parmi les rapides de l'Aritaka, écrit le premier voyageur cité plus haut, qu'en abordant sur un des nombreux îlots dont le cours de la rivière est parsemé, je découvris cette curieuse espèce se livrant à ses occupations habituelles. Laissant mes compagnons se reposer à l'ombre, j'avais traversé l'eau et mis pied à terre sur cet îlot, dont la rive, assez inclinée, était couverte d'une forte végétation. Une bignonie, avec ses grappes de fleurs d'un blanc de neige, aux larges étamines cramoisies, répandant le plus suave parfum, avait escaladé les branches d'un arbre qui se projetait au-dessus de l'eau et mêlé ses feuilles à celles d'une délicate plante parasite qui s'était elle-même enroulée autour de sa tige tortueuse et dont les

petites graines rugueuses, en partie recouvertes
d'une enveloppe protectrice, se balançaient au
vent par centaines, à l'extrémité de longues hampes
déliées comme des fils. Ces graines, pourvues d'une
gomme odorante et sucrée, paraissaient très-fré-
quentées par les nombreuses mouches qui bour-
donnaient à l'entour. Je m'imaginai que ces
dernières servaient de pâture aux oiseaux qui
s'envolèrent à mon approche ; mais je me trompais,
comme on va le voir.

« Voulant examiner ces graines de plus près,
j'allais en cueillir quelques-unes, lorsque ma main
s'arrêta à la vue de l'une d'elles, douée tout à coup
d'une étrange activité. Une jolie mouche, ne songeant qu'au plaisir de pomper le doux nectar,
s'était à peine posée sur cette graine, qu'elle se
trouva saisie dans une étreinte peu amicale : la
graine, tout à l'heure inerte, s'anima soudainement,
et serrant le pauvre insecte dans deux ou trois
paires de bras vigoureux, se balança dans l'air, suspendue par un fil de soie, à trois ou quatre pouces
au-dessous de sa première position. La lutte fut
courte ; car la graine, ou plutôt l'araignée, —
coquine aux formes compactes, au corps dodu, —
eut bientôt expédié sa victime, après quoi elle se
retira dans son antre pour la dévorer à plaisir.

« Expliquons maintenant comment l'araignée avait pu se déguiser ainsi pour jouer son rôle. La graine, comme il vient d'être dit, avait un aspect rugueux. Cette apparence était produite par un gros renflement noir et irrégulier qui en occupait le fond, et d'où une multitude de côtes et de plis longitudinaux s'étendait jusqu'au rebord de l'enveloppe. L'araignée, façonnée tout exprès par la nature, imitait cette conformation particulière de la graine en repliant sa tête sur son énorme abdomen rouge, et en ramassant ensemble ses vigoureux membres noirs de manière à simuler l'assemblage de côtes ou de rides dont je parlais tout à l'heure. La foliole ombelliforme qui enveloppait en partie la graine remplissait le même office pour l'araignée et complétait ce travestissement, dont ma description grossière ne peut faire comprendre qu'imparfaitement l'ingénieux artifice. Les mouches avaient évidemment le sentiment de la présence de leurs ennemies et savaient aussi les distinguer, probablement à l'absence de la gomme odorante et attractive ; car, tandis que chacune des vraies graines était exploitée par une ou plusieurs mouches, on n'en voyait que fort peu s'arrêter accidentellement sur les fausses graines, qui étaient, relativement aux autres, dans la proportion d'au moins une sur quatre. »

Ici se présente une difficulté. Si les mouches possédaient, en effet, l'instinct nécessaire pour distinguer les vraies graines des araignées déguisées, pourquoi s'exposaient-elles sciemment à leur perte ? L'examen de cette question nous conduit à un fait qui n'est pas moins curieux que tout le reste. Les mouches, après avoir pompé pendant quelque temps le nectar des vraies graines, s'envolent en bourdonnant et s'abattent négligemment sur le premier objet brillant qu'elles rencontrent, insoucieuses du danger, ou incapables de l'apercevoir. Le liquide mielleux est-il trop capiteux pour leurs faibles têtes, et leurs libations auraient-elles pour effet de troubler leur vision ? Ou bien encore le sens de l'odorat qui, seul, leur permet de distinguer l'ami de l'ennemi, serait-il émoussé, éteint chez elles par ces libations parfumées, et tombent-elles dans le piége parce qu'elles s'en rapportent à leurs yeux, qui ne leur signalent que la ressemblance des formes extérieures ? Peu importe au fond : il nous suffit de voir là un exemple de l'adaptation des moyens à la fin et de cet admirable instinct qui se révèle dans certaines familles d'insectes et sur lequel nous aurons à revenir plus loin. On trouve souvent dans les enveloppes de graines occupées par les araignées une poche de leur toile, d'un jaune pâle, remplie de petits : il est presque impossible d'en déposséder la mère, qui se laisserait déchirer membre par membre plutôt que de s'en séparer.

On demandera peut-être comment font tout d'abord les araignées pour détacher les graines dont elles prennent la place. La réponse la plus naturelle à cette question, c'est qu'elles prennent simplement possession de l'enveloppe après que les oiseaux ont mangé les graines ; car il est probable que ces graines sont la véritable nourriture des oiseaux, et non pas les mouches. Peut-être même les oiseaux viennent-ils pour manger les araignées, et, trompés comme les mouches elles-mêmes, arrachent-ils les graines de leurs tiges délicates, en cherchant leur proie. Mais cette dernière conjecture n'est ni aussi simple, ni aussi plausible que l'autre.

Les rapports compliqués de la plante, de l'oiseau, de l'insecte, présentent une de ces harmonies de la nature que Bernardin de Saint-Pierre se plaisait à décrire. La plante fournit à l'oiseau sa nourriture quotidienne, de l'ombre contre les ardeurs du soleil tropical, et peut-être des matériaux pour son nid. L'oiseau, en retour, aide à la propagation de la plante en disséminant ses graines, et, par cette multiplication des plantes, il augmente ses ressources alimentaires, celles de ses enfants et de ses semblables. Quant à l'araignée, elle est redevable à la plante des moyens, et à l'oiseau de l'occasion, d'attraper sa proie. La plante nourrit la mouche, et la mouche, à son tour, sert de pâture à l'araignée. Combien sont nombreuses les harmonies naturelles que nous comprenons ! Mais combien plus nombreuses encore celles qui sont au delà de la sphère de nos connaissances actuelles !

VIII

Parmi les innombrables tribus d'insectes qui
pullulent sur la surface du globe, il en est comparativement peu qui servent directement aux besoins de l'homme. L'abeille nous donne un aliment,
le ver à soie un tissu, la cochenille une riche
couleur; beaucoup d'autres, moins généralement
connus, ont aussi leur utilité immédiate et sont
pour nous une source de bien-être. Il faut avouer
cependant que, dans nos régions, l'espèce insecte
est plutôt une plaie qu'autre chose. Le ver blanc
est la terreur du fermier; la courtillière est l'en-
nemie-née du jardinier, et le fleuriste est en guerre
avec les perce-oreilles de ses dahlias, les aphides
de ses rosiers, et une légion d'autres bêtes qui se
ruent sur ses plantes favorites. Le vigneron est im-
puissant jusqu'ici à se défendre contre le phyl-
loxera. Le forestier, à son tour, a ses bois infestés
de hannetons et autres engeances maudites;

tandis que l'entomologiste lui-même, aussi bien que l'ornithologiste et le botaniste, ont continuellement à constater sur leurs spécimens les plus précieux les ravages de la gent insecte. On remplirait un in-folio à énumérer les torts dont les insectes se rendent coupables envers l'homme.

Puisqu'il est convenu que les insectes sont, en général, des instruments de dévastation, de véritables fléaux, voyons quelles sont les qualités qu'en compensation certains d'entre eux possèdent. Nous n'avons que des notions assez bornées sur les insectes de beaucoup de pays, et même un très-grand nombre de ceux que nos livres nous décrivent ne nous sont guère connus qu'en qualité d'échantillons remplissant un vide dans les casiers de nos cabinets d'histoire naturelle. Quant à leurs mœurs, quant à leurs produits, si tant est qu'ils produisent quelque chose, c'est lettre close pour la science. Il faut espérer que les travaux des naturalistes et les persévérantes recherches auxquelles ils se livrent jetteront une utile lumière sur l'importance commerciale des tribus d'insectes qui peuplent mainte région inexplorée, en même temps qu'ils nous feront mieux connaître et distinguer les espèces dont il est de notre intérêt de nous délivrer. Chaque jour, du reste, signale un progrès dans cette voie, comme dans les autres branches de la science pratique.

Depuis longtemps, les Chinois utilisent une foule de productions naturelles ignorées des autres nations et que les relations qui tendent de plus en plus à s'établir avec ce merveilleux empire nous révèlent de temps à autre. Ainsi en est-il entre autres de l'arbre à suif de la Chine et la matière textile récemment introduite dans le commerce sous le nom de ramie ou d'herbe de la Chine et qui est le produit d'une espèce d'ortie(*Bœhmeria nivea*). Nous allons nous occuper ici d'un insecte éminemment intéressant et qui, en raison de son produit, peut être d'une importance commerciale considérable. On n'a pas encore, en Europe, tous les renseignements désirables sur les différents points de son histoire ; mais les recherches récentes de M. Daniel Hanbury, du docteur Macgowan, de M. B. C. Brodie, de M. Westwood, et quelques autres nous en ont appris assez pour nous permettre de donner des détails assez complets sur cet animal et son produit. Les études, d'ailleurs, se poursuivent.

Les entomologistes regardent le *peh-la* ou insecte à cire de la Chine comme une espèce de coccus, et ils lui ont donné en conséquence le nom de *coccus peh-la*. M. Hanbury a résumé dans les lignes qu'on va lire, l'opinion des auteurs chinois sur ce petit animal. Toutefois, comme M. Westwood trouve avec raison cette notice très-peu claire, nous la donnerons ici avec les parenthèses, points d'interrogation, etc. que ce dernier y a intercalés. — « Au printemps, les cultivateurs enveloppent dans des feuilles (feuilles de gingembre ordinairement) les cocons (?) contenant les œufs des insectes et les suspendent de distance en distance sur les branches de l'arbre où se doit récolter la cire. Après être restés exposés ainsi d'une à quatre semaines, les œufs éclosent et les insectes (qui sont blancs et de la grosseur d'un grain de millet), en sortent et s'attachent aux branches de l'arbre ou se cachent sous ses feuilles. Quelques auteurs prétendent que les insectes ont à cette période une tendance à descendre le long du tronc et à se fixer dans l'herbe s'il s'en trouve à sa base, et ils ajoutent que, pour obvier à cette difficulté, les Chinois ont soin de tenir le pied de l'arbre parfaitement nu, ce qui oblige les petites bêtes à remonter. Une fois établis dans les branches, les jeunes insectes se mettent immédiatement à sécréter une cire blanche qui, en durcissant, donne à l'arbre un aspect qui rappelle le givre. L'*insecte finit* [par s'empâter petit à petit (?) ou], *comme disent les auteurs chinois, par se changer en cire.*

On râcle alors les branches de l'arbre, et la matière recueillie constitue la cire brute. Le temps de la récolte varie probablement suivant les districts ; certains auteurs la placent en juin, d'autres en août. A la fin de la saison — août ou septembre — la matière visqueuse adhère si fortement à l'arbre, qu'il est extrêmement difficile de l'en arracher ; et c'est de cette cire ainsi abandonnée qu'il se forme à cette même époque une espèce de cocon (« enveloppe rougeâtre, » dit Macgowan), dans lequel les œufs de l'insecte sont disposés. (M. Westwood est d'avis qne ce prétendu cocon n'est autre que le corps même de la femelle qui atteint dans cette circonstance un développement particulier.) Le nid ou cocon qui, dans son premier volume, est gros comme un grain de riz, augmente continuellement de manière à atteindre au printemps suivant la grosseur d'un œuf de poule (!) ; au point que sur la branche où il est fixé on le prendrait pour un fruit. Ces cocons, qui renferment une multitude d'œufs, sont appelés *la-tchung* ou *la-tsé* ; on les enlève quelquefois avec le morceau de la branche et on les conserve pour faire des élèves (1). »

Dans ses remarques sur l'insecte à cire de la

—————

1. *Pharmaceutical Journal.*

Chine, M. Westwood fait observer que cette prétendue métamorphose de l'insecte en cire s'accorde avec la condition de maturation du *coccus ceriferus,* au mâle duquel les « *Rapports des jurys de l'exposition universelle* » (p. 524), attribuent la sécrétion de la cire blanche de la Chine ; mais l'insecte ainsi nommé est tout à fait distinct de celui dont nous nous occupons en ce moment ; et puis c'est la femelle et non pas le mâle du *cocus ceriferus* qui se change en une pâte blanche visqueuse. « La sécrétion blanche déposée sur les arbres et ressemblant à du givre, s'accorde, soit avec ce que dit le capitaine Hutton du dépôt par le *flata limbata* d'une substance blanche cassante et d'aspect neigeux que je (Westwood) considère comme étant des excréments, soit avec le fait de l'exsudation d'une matière blanche visqueuse par d'autres insectes homoptères. » Cette dernière condition est celle qu'offre notre présente espèce de coccus.

Dans des échantillons de cire à l'état brut, telle qu'on la recueille sur l'arbre, M. Westwood a trouvé un grand nombre de corps adultes desséchés de coccus femelles et de morceaux rigides incrustés de cire et d'insectes *in situ.* Il pense que, pour lever les difficultés nées de l'insuffisance des descriptions données par les auteurs Chinois, il faut s'en tenir directement à l'opinion que l'excrétion du *coccus peh-la* forme réellement la base de la cire blanche du commerce, ou demander à l'analyse chimique de prouver que l'une et l'autre matière ne sont qu'une seule et même substance. Et nous sommes d'autant plus de son avis, que le seul point de ressemblance commun à ces deux produits c'est qu'ils fondent au même degré de chaleur.

La cire du *peh-la* est d'un beau blanc et il n'y a pas de doute que l'importation de cet article en Europe n'aille en augmentant. L'acclimatation chez nous du *coccus peh-la*, en l'admettant praticable, serait précieuse assurément. Toutefois, avant de la tenter, il est nécessaire, non-seulement d'avoir une connaissance parfaite de ses habitudes, mais encore des végétaux qu'il infeste ; car, quelqu'utile que soit cet animal, il n'en est pas moins, comme tous ses congénères, un parasite.

Une récente communication de M. Strauss, consul de Belgique à Yeddo (1872), permettra d'étudier la question plus à fond ; elle nous fournit, dans tous les cas, sur cet insecte et sur son produit, l'un des plus remarquables de l'extrême Orient, les nouveaux renseignements que voici :

L'arbre qui donne la fameuse cire est indigène au Japon et a été importé en Chine, d'après Sin-Konang-Ki, sous la dynastie de l'empereur Yuen, vers la fin du xviiie siècle. La cire qu'on y récolte est due à la piqûre de petits insectes nommés « lah-tchong » par les Chinois (*Cicada limbata*, de Fabricius, *coccus peh-la*, de Westwood). Ils sont blancs tout d'abord ; toutefois, quand ils fournissent la cire, ils deviennent rouges et se collent par groupes épais aux branches des arbres. L'animal est gros comme un grain de riz, mais la masse agglutinée de la sorte acquiert la grosseur d'un œuf de poule. L'insecte commence à sécréter au printemps la substance visqueuse. Celle-ci prend la forme d'un duvet soyeux, puis, elle s'épaissit et se durcit. Aux mois d'août et de septembre, les boules sont violettes et pendent en grappes. C'est alors qu'on recueille la cire en la détachant avec les doigts. On la fait ensuite sécher au soleil et on la purifie de diverses manières. Dans le Szu-Tchouan, on recouvre d'une toile une terrine placée dans un chaudron d'eau bouillante ; la cire, posée sur la toile, entre en fusion, passe au travers de cette espèce de tamis et va se condenser au fond de la terrine. On la fait fondre de nouveau ; puis on la plonge dans l'eau froide, où elle se durcit et devient blanche et brillante.

Le « lah-tchong » ou « coccus peh-la » vit sur les branches de plusieurs arbres, mais il paraît préférer le « rhus succedaneum » et le « ligustrum japonicum » et « lucidum ». En Chine, il s'établit sur le kiou-tchiang (*rhus succedaneum*, de Brongniart), le « toug-tsing » (*ligustrum glabrum*, de Rémusat et Kœmpfer) et le « choui-kiou » (*hibiscus syriacus*, de Rémusat). La cire du Kermès de l'Inde, insecte oval, plat, et de la grosseur d'une punaise, ne ressemble pas à celle du « peh-la ».

Cette cire d'insectes est d'un usage général en Chine et au Japon. L'arbre qui la donne est cultivé en plantations considérables dans toutes les provinces du sud-est et du centre du Céleste-Empire. La cire de peh-la qu'on trouve dans le commerce est à peu près pure et fond à 88 degrés centigrades. Elle est en gâteaux de forme circulaire, de différentes grosseurs. Purifiée dans l'alcool qui en sépare une petite quantité de matière graisseuse, elle fond à 87°,4. Elle se dissout aisément dans l'huile de naphte, mais moins vite dans l'éther que dans l'alcool. Elle contient 82 pour cent de carbone, 14 d'hydrogène et 4 d'oxygène.

On l'emploie aux mêmes usages que la cire

d'abeille. Son point élevé de fusion la rend propre à la fabrication des bougies et autres préparations dans lesquelles entre la cire ordinaire. Les bougies de cire d'insectes durent, paraît-il, cinq fois plus que les autres, et en y ajoutant un peu d'huile elles ne coulent pas. Les médecins chinois font un fréquent usage de la cire d'insectes ; on en compose un excellent cérat. Depuis une vingtaine d'années, il s'en exporte en Europe ; mais jusqu'à présent ce commerce n'a pas acquis un grand développement. Il y a six ou sept ans, un Polonais établit à Liége une fabrique de bougies de cette cire qui prospéra. L'exportation qui se fait surtout par Shanghaï et Hankow a été progressant depuis 1870 ou 1872.

IX

LES DÉGUISEMENTS DES INSECTES.

En examinant la nature animale, l'observateur intelligent pourra constater que la très-grande majorité des êtres créés revêt des déguisements divers, dont l'étude est fort intéressante par les rapprochements qu'elle comporte avec l'histoire de ces êtres. Le monde des insectes, particulièrement, en offre d'innombrables exemples. Beaucoup sont connus (nous venons de citer plus haut celui de certaines araignées), mais il en reste un nombre considérable à découvrir encore et à mettre en lumière.

Partout où un travestissement de cette espèce se rencontre, on peut être sûr qu'il est d'importance vitale pour le possesseur, et la portion de la surface qui peut s'en passer présente souvent un grand contraste avec le reste. Les papillons blancs ordinaires de nos jardins peuvent, sous ce rapport, être cités en première ligne. Leur coloration est arrangée de telle sorte, que, quand ils sont endormis, aucune des parties parfaitement blanches ne se laisse voir ; on n'aperçoit alors que la teinte jaunâtre foncée qui nuance le dessous des ailes postérieures et le bout des ailes antérieures. On peut en outre observer que cette couleur ne se montre seule que quand l'animal repose véritablement, et non pas quand il se pose simplement sur une feuille ou une fleur, par un beau soleil, car dans ce dernier cas, les ailes sont plus ou moins ouvertes et le blanc se révèle très-ostensiblement. Alors l'insecte est toujours sur le qui-vive et prêt à fuir à l'approche de l'ennemi. Le soir, ou par les jours sombres, il s'endort rapidement, et, quand on l'aperçoit, il est aussi aisé de le prendre que de cueillir une fleur. Son instinct l'aide aussi à se dissimuler aux regards. Ainsi, à la chute du jour, on peut remarquer le soin méticuleux que met le pauvret à se choisir un gîte convenable ; on le voit en changer nombre de fois avant qu'il se décide d'une manière définitive.

Le gentil petit papillon aux extrémités orangées (*Anthocharis cardamines*), si beau lorsqu'il voltige sur les haies par une claire matinée de printemps, est admirablement protégé par la coloration de la

surface interne de ses ailes, quand il se repose
le soir sur les boutons ou les fleurs épanouies du
persil sauvage (*Anthriscus sylvestris*) ou sur
quelque autre petite fleur blanche. On ne voit
jamais l'insecte toucher le persil sauvage autrement que pour y dormir, de même qu'il visite le
petit géranium rose pendant le soleil pour le
nectar qu'il renferme à ce moment, ses ailes sont
ouverte, bien qu'il ne les déploie pas complètement.

Le collectionneur qui veut se procurer des spécimens frais et intacts de cet insecte n'a qu'à se
munir de quelques boîtes et à se promener le long
des haies par une calme soirée de mai : les jolis bouquets blancs du persil sauvage ne lui man-
queront pas, et au milieu de ces fleurs, et les
simulant exactement, il est sûr de rencontrer le
papillon aux extrémités orangées. Il n'aura alors
qu'à ouvrir une boîte et à la refermer tout douce-
ment sur l'insecte et la fleur, et à remettre dans sa
poche contenant et contenu. Rentré chez lui, il
reconnaîtra en général que l'insecte n'a pas bougé
de place. Il faut avoir soin toutefois de porter la
boîte droite et de n'y enfermer qu'une très-petite
partie de la fleur, autrement on risquerait d'en-
dommager le papillon. Avec des précautions,

celui-ci arrivera intact, et on pourra le tuer sans y toucher, en plaçant la boîte sous un verre, avec deux ou trois gouttes d'acide prussique sur un morceau de papier buvard. Après un court instant, on trouvera la jolie créature morte, au fond de la boîte, et déjà roidie, mais il sera mieux d'attendre au lendemain pour la fixer à sa place dans la collection.

Nous recommandons ce mode de capture comme préférable sous beaucoup de rapports à ceux qu'on emploie d'ordinaire pour les papillons. L'animal ne se débat pas, et par conséquent ne s'endommage pas comme dans le filet. Le collectionneur ne risque pas non plus de se donner des entorses en courant comme un fou sur un terrain parfois très-accidenté, l'œil nécessairement fixé sur l'objet de sa poursuite. Il n'a plus à s'occuper, lorsqu'il tient sa proie dans son filet, de lui presser le thorax entre les doigts pour lui donner la mort, — genre d'exécution qui d'ailleurs ne réussit jamais bien et qui ne fait que gâter la beauté et la symétrie de la forme extérieure du corps et briser le plus souvent les pattes. Notre moyen évite tous ces accidents ; il a de plus l'avantage d'être instructif et amusant.

On peut toujours se procurer les papillons bleus

en allant à leur retraite du soir et en les cherchant
sur les boutons et les fleurs de l'herbe, du plan-
tain, etc., où ils dorment la tête en bas. Dans
cette attitude, ils ont avec leur perchoir une ressemblance générale si étroite, qu'il faut y regarder
de près pour les distinguer. On ne saurait douter
que tous les papillons n'aient le dessous des ailes
teinté de manière à leur procurer des déguisements
faits tout exprès pour les dissimuler à l'œil dans
leurs lieux de repos.

Il est une particularité remarquable à observer
chez les papillons soufre et jaune brouillé, c'est
que, lorsqu'ils se posent, ne fût-ce que pour un
moment, leurs ailes sont fermées et serrées l'une
contre l'autre, malgré la beauté de leur surface
externe — cet élégant mantean que la plupart des
papillons aiment à étaler au soleil. Ces papillons
font exception à la règle générale sous ce rapport,
puisque, à l'état de veille, c'est la face interne
qu'ils laissent voir.

Les chrysalides de papillons possèdent de merveilleux moyens de se dissimuler à l'observation.
Leur écorce étant photographiquement sensibi-
lisée pour un court instant après que la peau de la
chenille est tombée, chaque individu revêt la couleur dominante de son voisinage immédiat. Ce fait

intéressant n'étant pas généralement connu, M. T. W. Wood a eu l'idée de recueillir des chenilles de papillon queue d'hirondelle et de papillons blancs, afin d'obtenir des chrysalides qu'il se proposait de faire voir à une séance de la Société d'entomologie. Voici comment il s'y est pris : il a recueilli des chenilles et les a nourries sur les plantes à elles propres ; il les a ensuite placées dans des boîtes dont l'intérieur avait été garni de couleurs différentes. Dès qu'elles s'y furent fixées, il a laissé les boîtes ouvertes et exposées au soleil sur une fenêtre. Il a obtenu ainsi d'excellents spécimens de coloration sur les chrysalides quand la métamorphose s'est opérée par un jour brillant et que les individus étaient entourés largement de la même couleur que celle sur laquelle ils étaient placés. Dans ces conditions, les teintes particulières aux espèces étaient considérablement effacées quand l'assimilation de la couleur l'exigeait. A vrai dire, ces teintes n'existaient plus, elles étaient complétement remplacées par du vert brillant chez les chrysalides du papillon à queue d'hirondelle (*Papilio Machaon*) et des papillons blancs.

Le même observateur a également collectionné un grand nombre de chrysalides des deux espèces communes de papillons blancs détachées des pierres colorées d'une maison. Sur une des façades était une treille, et là les chrysalides des deux espèces étaient devenues vertes sous l'impression de la lumière filtrant à travers les feuilles. Sur le côté nu de la maison il n'existait aucune verdure, et il suffisait d'un coup d'œil aux chrysalides venant de cette muraille pour avoir une idée nette de la teinte de celle-ci. Comme les chenilles ne sont évidemment pas influencées par la couleur dans le choix qu'elles font du lieu où elles doivent subir leurs transformations, il s'ensuit que cette faculté photographique chez les chrysalides est extrêmement importante comme tendant singulièrement à les rendre invisibles pendant la période de leur inertie, qui dure de quelques semaines à la moitié d'une année et même à plus d'une année dans certains cas exceptionnels.

Les chrysalides dorées des vanessides et autres espèces sont extrêmement belles, et l'opinion émise que leur dorure est une protection contre les oiseaux a été confirmée par M. Jenner Weir, qui dit que les oiseaux ne touchent jamais à ces chrysalides, les prenant évidemment pour des morceaux de métal. La chrysalide du petit papillon écaille (*Vanessa urticæ*) n'est dorée que quand elle se trouve au milieu d'orties, car, quand elle est su des murs, des palissades, des troncs d'arbres, etc., la coloration est différente et les taches argentées sont absentes. Il n'y aurait aucun avantage pour ces chrysalides à revêtir la couleur *verte* des feuilles, car elles se tiennent suspendues par la queue sans aucune bandelette de soie pour les retenir serrées contre leur surface d'attache, et la couleur verte ne ferait que leur donner l'apparence d'un morceau appétissant pour les oiseaux, etc. Il est remarquable toutefois que les chrysalides appartenant à ce genre soient affectées par les feuilles vertes d'une manière si différente de celles des genres *Papilio* et *Pieris*. La chrysalide du papillon à extrémités orangées, si remarquablement allongée comme forme, ressemble à la gousse des plantes de la famille des crucifères ; celle du *Papilio podalirius* est colorée, bordée et veinée comme une feuille morte.

Que maintenant le lecteur nous permette d'appeler son attention sur quelques exemples de déguisement chez les chenilles. L'un des plus saillants est celui qu'offre la chenille du papillon queue d'hirondelle, qui vit sur les feuilles de carottes.

Parmi les têtes de carottes dont M. Wood s'était

approvisionné l'année précédente pour nourrir ces petites bêtes, il aperçut une petite feuille qui se détachait en haut relief sur un fond sombre. Il crut un instant avoir affaire à une de ces chenilles, mais avec un peu plus d'attention il reconnut son erreur. Cet incident insignifiant l'amena à comparer la chenille et la petite feuille, toutes deux placées sur un fond noir, et il s'aperçut bientôt que les raies noires de l'insecte, vu de profil, imitaient à s'y méprendre les interstices découpées des petites feuilles. Les extrémités diagonales des raies des flancs aident merveilleusement à la ressemblance, et les taches orangées elles-mêmes sont placées exactement au point où cette couleur commence à paraître sur la feuille de carotte, au bas de la dentelure entre autres. Pour la dimension aussi, l'insecte et ses marques concordent exactement avec les feuilles.

Les chenilles de quelques géométrides, si prodigieusement semblables pendant le jour à des brindilles mortes, sous le rapport à la fois de l'aspect extérieur et de l'immobilité, poussent leur travestissement à un point incroyable. A l'endroit où l'animal est en contact avec la branche sur laquelle il repose, c'est-à-dire entre les vrilles, on aperçoit un tout petit espace de blanc verdâtre, exactement de la même couleur que celui qu'offre la cassure d'une brindille fraîchement détachée de l'arbre.

La chenille de la phalène à ailes rouges sur la face inférieure (*Cotacala nupta*) est faite et teintée de manière à imiter exactement l'écorce du saule sur laquelle elle repose, pendant le jour, entièrement allongée. Le corps est très-aplati en dessous dans toute sa longueur, de manière à s'appliquer étroitement à l'écorce ; la tête penche obliquement, afin de ne pas attirer l'attention en faisant angle droit avec la surface sur laquelle elle est placée, et de chaque côté, juste au-dessus des pattes, se trouve une frange de filaments dont l'usage est certainement d'absorber la lumière pour empêcher la forme de la chenille d'être révélée trop nettement par son ombre portée. Ces filaments touchent à l'écorce à leur extrémité et constituent une espèce de rideau. Cet appareil pour la dissimulation de l'ombre, beaucoup d'autres insectes le possèdent sans doute : ce serait un point à vérifier.

Une autre chose fort curieuse du même genre, c'est la forme anormale du petit de l'aphis de l'érable, dont le corps, la tête et les pattes sont frangés d'appendices plats en forme de feuille, placés de manière, quand l'animal repose sur une feuille et ramasse ses pattes, à entourer son corps tout entier d'une frange continue qui l'empêche ainsi d'être dénoncé par son ombre et qui, avec sa couleur verte, le rend parfaitement impossible à distinguer de la feuille sur laquelle il se tient.

Autre exemple analogue : Les chenilles des sphingides, bien que vertes dans l'ensemble de leurs couleurs, alors qu'elles se nourrissent sur les feuilles des plantes à elles spéciales, deviennent brunes juste avant de descendre sur le sol pour y chercher un lieu de retraite, cette couleur étant d'autant plus foncée sur le dos qu'elle est plus en vue.

Il n'y a peut-être pas dans toute la nature animale de plus singulière bizarrerie que cet étrange dessin de squelette que porte sur son dos velouté la phalène à tête de mort (*Acherontia atropos*). Le déguisement de cet insecte est un des plus extraordinaires qui existent. Quand le papillon est au repos, il a les ailes fermées et c'est alors un objet très-sombre. Mais quand il est dérangé, il s'agite aussitôt considérablement, voltigeant de çà, de là, et séparant ses ailes antérieures en laissant exposé à la vue son abdomen marqué de bandes semblables à des côtes. Si l'on joint à cela l'espèce de crâne dépouillé qui se voit sur son thorax, on conviendra que cette phalène est une bête d'assez vilain augure. Après cela, il est aisé de comprendre que ces particularités remarquables contribuent beaucoup à la longue à la conservation de l'espèce.

Ce papillon se trouve sur de nombreux points du globe. Il a d'ailleurs un sosie qui ressemble beaucoup à l'*Acherontia lethe* (un très-proche allié de notre phalène à tête de mort), c'est le *Macrosila solani*. M. Rolan Trimen, du Cap, a l'un des premiers appelé l'attention sur ce fait. Bien que la copie et l'original appartiennent à la même famille, on se tromperait en prenant cette ressemblance extraordinaire des deux insectes, comme couleur et comme marques, pour un signe de parenté très-proche. Loin qu'il en soit ainsi, dans la grande collection du British Museum, ils sont séparés par cinq genres qui ne renferment pas moins de quarante-quatre espèces.

Il serait fort curieux de rechercher si le lugubre habit de la phalène à tête de mort ne lui sert qu'à la protéger contre l'homme. Quand on se rappelle que ce papillon se rencontre en Chine, aux Indes, en Afrique, ce qui comprend les pays les plus anciennement connus et où la population est le plus dense, et que l'on considère que l'insecte est en rapport avec l'homme par deux autres particularités fort importantes, à savoir : que la chenille vit sur les feuilles des pommes de terre, et que la phalène se nourrit de miel et commet de nombreux larcins dans les ruches, on n'est pas éloigné de croire à la possibilité du fait, surtout si l'on réfléchit à l'attitude de la phalène lorsqu'on la dérange.

Le frelon à ailes claires (*Sphecia bombici formis*), si semblable à la guêpe et si peu semblable à ce qu'il est réellement, une phalène, s'efforce, quand on le dérange, de piquer l'intrus par des coups répétés de l'extrémité inférieure de son abdomen à bande jaune, jouant jusqu'au bout son rôle en profitant ainsi de son apparence formidable. Il est privé d'arme cependant et ne compte que sur son travestissement pour se protéger ; ce travestissement toutefois est si complet, qu'à part les entomologistes , personne ne songerait jamais que l'insecte n'est autre chose qu'une phalène.

La phalène faucon du troëne (*Sphinx ligustri*) prend aussi, quand on la dérange, une attitude menaçante, comme si elle pouvait et voulait piquer ; mais elle ne persévère pas autant que la phalène frelon dans cette humeur belliqueuse.

La phalène *phlogophora meticulosa* mérite bien

aussi une mention en raison de l'aspect particulier qu'elle offre pendant le jour, qui est son temps de repos. Avec ses ailes antérieures recourbées sur leurs bords extérieurs, elle a tout l'air d'une feuille sèche. La courbure disparaît dès que l'animal se prépare à voler, car les ailes reprennent alors la forme aplatie qu'elles ont chez tous les autres insectes.

La phalène à barbes (*Gastropacha quercifolia*) présente, elle aussi, une remarquable ressemblance avec une feuille morte ; les palpes très-allongées en avant de la tête simulent la tige. La *Pygœra bucephala* a exactement l'air d'un fragment de baguette comme couleur et comme attitude.

On trouve aussi dans les jardins une petite phalène très-commune que nous devons mentionner ici. Elle appartient au genre *Antithesia* et a cela de fort remarquable, que, quand elle est au repos, elle ressemble exactement à l'excrément du pierrot ou autre petit oiseau. Ses habitudes concordent parfaitement avec le déguisement qu'elle porte, car l'insecte se tient complétement en vue sur la surface supérieure des feuilles, etc., et on la voit choir à terre absolument comme un objet inanimé quand on secoue les feuilles.

« Je me rappelle, dit M. Wood, que nous suivons pas à pas dans tout ce chapitre, avoir une fois trouvé la *Tyatira derasa* au repos sur une tige de groseiller ; elle était, je crois, sur la fourche, ou près de la fourche de deux branches, à un pied de terre environ, pas plus haut assurément. Ce qui attira particulièrement mon attention, ce fut sa ressemblance avec un petit éclat de caillou ; je crus même d'abord que ce n'était pas autre chose. Les ailes antérieures étaient réunies en forme de toiture élevée, de façon qu'on n'en pouvait voir qu'une, et cela lui donnait l'air d'un objet compacte, solide. Il existe, à la base des ailes antérieures, une tache de la même teinte exactement de ce qu'on trouve sur la fracture ou partie interne d'un petit caillou, avec une bordure blanche comme la pierre en présente ; en dehors de ce cercle, le reste est d'une nuance brun-rouge irrégulière, ce qui ajoute à la ressemblance avec la pierre en question. »

En étudiant la face dorsale d'une phalène ou le dessous d'un papillon, on peut se faire une idée assez nette de son attitude au repos et aussi de l'endroit que choisit l'animal pour dormir. Qui peut douter, par exemple, que le merveilleux papillon feuille-morte de l'Inde septentrionale (*Kallima inachis*) ne se pose de façon à montrer la surface inférieure presque tout entière de ses deux ailes? Celles-ci sont sillonnées d'une forte ligne foncée représentant la côte centrale d'une feuille. Cette ligne se briserait en deux directions différentes si l'insecte se posait dans n'importe quelle autre attitude. Les grands papillons écaille et paon (*Vanessa polychloros* et *Io*) laissent voir quand ils dorment la plus grande portion de leur surface inférieure. Mais le petit papillon écaille, l'amiral rouge (*Vanessa urticæ* et *Atalanta*), et la majorité des espèces britanniques montrent les ailes postérieures et seulement le bout des ailes antérieures.

Le fait le plus merveilleux peut-être se rapportant à notre sujet, c'est que, dans beaucoup de déguisements, c'est le fond servant de repoussoir qui est imité. La chenille du papillon queue d'hirondelle en est un exemple, de même que le papillon à extrémités orangées; le blanc des ailes postérieures de celui-ci, sur leur face inférieure, est coupé de vert sombre poudreux en maints points irréguliers, exactement de la grandeur et de l'aspect général des petites fleurs blanches sur lesquelles il se pose lorsqu'on le voit tranchant sur un fond verdâtre sombre. Quelques-unes des plus belles espèces de papillons charuxes de l'Inde et de la Chine ont la surface inférieure d'un très-beau blanc bleuâtre traversé par de fines bandes brunes. Ces insectes volent très-haut ; ils fréquentent les grands arbres, et il n'est pas douteux qu'ils ne dorment au milieu des branches. Le même entomologiste croit donc extrêmement probable que ce fond de couleur clair qui leur est propre représente le ciel, et les bandes brunes, les branches sur lesquelles ils reposent. « Ceci n'est point une idée extravagante le moins du monde, dit-il, puisque les fonds sombres sont bien représentés sur les ailes de certains papillons, pourquoi les fonds clairs n'y figureraient-ils pas aussi ?

« La couleur blanche des papillons dont nous parlons est légèrement teintée de bleu verdâtre et présente une surface polie, vernissée, capable de réfléchir de tous les points la couleur du ciel, en même temps que les marques brunes présentent un contraste tranché, en n'ayant pas cette même propriété de réflexion ; il s'ensuit qu'elles se voient bien plus aisément que l'autre portion de la surface, et que leur ressemblance avec les brindilles d'alentour empêche qu'elles n'attirent l'œil de l'ennemi. »

Nos grands papillons, écaille, amiral rouge et d'autres, se retirent, pour dormir, sur le tronc des arbres, juste au-dessous de la base des branches, ou sur la face inférieure de celle-ci. Il est inutile d'insister ici sur l'aspect obscur de ces insectes au repos ; mais on peut remarquer combien la place qu'ils choisissent les protége admirablement du vent et de la pluie. Quand ces beaux insectes sont posés sur le sol, les ailes largement étendues au soleil, on les voit souvent, au lieu de fuir, les fermer par un mouvement excessivement brusque à l'approche d'une personne ; c'est pour eux un moyen de dissimuler leur présence sans quitter la place.

Le papillon jaune brouillé a une singulière habitude, qui doit lui être fort utile pour le faire échapper à la poursuite de ses ennemis. Voici en quoi elle consiste : l'époque où cet insecte se trouve en plus grande abondance est la fin du mois d'août, alors que les blés sont coupés ; or, comme les champs de blé et de trèfle (sa plante favorite) sont toujours voisins les uns des autres, le papillon jaune, quand il est poursuivi, gagne au plus vite le chaume, où il est impossible de le suivre, sa couleur étant exactement celle de la paille. Cet insecte a aussi la tactique de fermer tout à coup les ailes et de se laisser tomber à terre lorsqu'on lui donne la chasse ; mais on n'observe cette manœuvre que par les jours d'excessive chaleur, alors qu'il n'y a pas de vent pour assister l'animal dans sa fuite.

Parmi les phalènes, celles des sphingides appartenant au genre *Smerinthus* sont remarquables par

la bizarre attitude qu'elles adoptent pendant le
jour, les aïles partiellement relevées et très-sépa-
rées du corps. Les phalènes appartenant au genre
Chœrocampa leur ressemblent parfois beaucoup
sous ce rapport, mais elles sont plus élégantes ; à
vrai dire, ce sont peut-être les plus élégants de
tous les insectes nocturnes, outre qu'elles possèdent
des couleurs et des bigarrures charmantes.

Il ne mauque pas d'exemples de lépidoptères
ayant des couleurs éclatantes sur les parties de
leurs ailes destinées à être exposées quand ces insectes sont au repos. Certaines piérides exotiques
ont des rouges extrêmement vifs ainsi placés. Il
est probable que, comme pour notre papillon à
extrémités orangées, il se trouve, à l'époque où
elles se montrent, des fleurs de leur couleur sur
lesquelles elles peuvent reposer en sécurité.

Les très-nombreuses espèces de papillons queue
d'hirondelle sont remarquables comme ayant leurs
plus magnifiques couleurs limitées à leurs ailes
postérieures sur les deux faces. Les espèces anglaises peuvent être prises comme un excellent
type de la familte sous ce rapport, la couleur générale étant un jaune pâle avec des marques noires.
C'est sur les ailes postérieures seulement qu'on
trouve du bleu finement pointillé de noir et une

tache ocellée d'un magnifique rouge, surmontée de bleu. Dans la vaste collection des papillons queue d'hirondelle du British Museum, on compte cent trente espèces possédant ce caractère et une trentaine seulement faisant exception à cette règle, exception qui ne se retrouve dans aucune des espèces renfermées dans vingt tiroirs de la collection.

Il existe un autre groupe de papillons, les *Cata-grammas* de l'Amérique du Sud, dont les surfaces inférieures sont, chez presque toutes les espèces, vivement colorées ; toutes ont un trait particulier, bien connu des entomologistes. Des mœurs des deux groupes susmentionnés, on sait relativement peu de chose, et c'est fort regrettable. Espérons que cette très-intéressante branche de l'entomologie sera plus étudiée à l'avenir. Si les collectionneurs veulent observer les insectes dans leurs lieux de repos, le premier profit qu'ils en tireront sera d'augmenter singulièrement leurs collections.

Quelques cas peuvent être cités comme des exceptions à la loi du travestissement pendant le repos. La phalène du groseiller (*Abraxas grossulariata*), si commune dans les jardins, est de couleur très-voyante, bien que généralement elle se cache ; mais il faut admettre qu'en ceci elle n'est pas toujours heureuse. Cet inconvénient est compensé de deux manières au moins : premièrement, elle est infiniment plus vigilante qu'aucune autre phalène ; deuxièmement, elle a une merveilleuse propension à faire la morte quand elle est prise,—mimique qui, par parenthèse, ne lui est nullement particulière. On trouve aussi très-communément dans les jardins en France et dans le midi de l'Angleterre une autre phalène plus petite, la coquille jaune (*Camptogramma bilineata*), insecte extrêmement joli, mais qui, pendant le jour, a grand soin de se dissimuler sous l'ombre protectrice de quelque feuille. Les phalènes de la pimprenelle (*Anthrocera*) sont très-éclatantes et quelque peu indolentes ; il est difficile d'expliquer leur profusion autrement qu'en les supposant douées d'un fumet désagréable aux oiseaux.

Que deviennent les centaines de papillons blancs (*Arya galathea*) qu'on rencontre dans certaines localités, et qui disparaissent le soir pour reparaître le lendemain matin plus vifs, plus brillants que jamais? Un observateur intelligent, M. J.-B. Water, qui a collectionné une grande quantité de ces insectes, les a trouvés par terre, le soir, auprès des racines de longues herbes dures, et ceci explique parfaitement leur disparition.

Certaines plaques de couleur des ailes de ces insectes ont exactement l'aspect d'ombres fortes peintes par un artiste ; elles doivent souvent servir à dissimuler à l'œil la forme réelle de l'animal. On en trouve des exemples nombreux ; la phalène œil-de-faucon en est un. Les déguisements en feuille sont toutefois les plus apparents de tous. On peut citer à ce propos un grand papillon blanc à extrémités rouges de l'Inde (*Iphias glaucippe*), qu'a décrit M. A.-B. Wallace, avec d'autres curieux insectes observés par ce savant voyageur à l'état de liberté.

Il est intéressant de remarquer combien les deux moitiés des insectes se correspondent exactement comme forme et comme dessin. Les dentelures des ailes de droite et de gauche des vanessides coïncident avec une rare perfection, bien que les ailes ne soient pas en contact dans l'enveloppe de la chrysalide et qu'elles se développent indépendantes de chaque côté du corps. Il existe pourtant certaines espèces de marques où cette règle est violée; nous voulons parler des petites mouchetures des ailes, particulièrement les petites stries transversales, lesquelles généralement, peut-être même toujours, manquent entre elles de symétrie. La phalène léopard (*Zeuzera æsculi*) offre un frappant exemple de l'absence de symétrie dans les marques des ailes ; ses taches sont toujours disposées différemment sur chaque aile. Il en est de même aussi, quoiqu'à un moindre degré, de la phalène du groseiller, et aussi du papillon à extrémités orangées. A vrai dire, ce caractère se constate très-généralement sur les portions déguisées de de l'animal.

Dans son enthousiasme pour les papillons, le même entomologiste, dont nous venons de reproduire les curieuses observations, voudrait qu'à l'exemple des aquarium, qui ont tant fait pour répandre le goût de la zoologie marine, on créât des *vivarium* d'insectes. « On cultive aujourd'hui dans les principales capitales de l'Europe, dit-il, des plantes exotiques en grand nombre ; on aurait donc de la nourriture toute prête pour les chenilles de beaucoup d'espèces, souvent aussi belles que les papillons, et quelquefois beaucoup plus belles. Les papillons complétement développés sont une des merveilles de la nature que tout le monde admire plus ou moins. Si amateur de jardins qu'on soit, on est forcé de reconnaître qu'il y a bien peu de fleurs qui ne soient égalées, sinon même surpassées souvent, par leurs rivaux animés. »

X

LES HUÎTRES.

L'OSTRÉICULTURE EN FRANCE.

Les habitants des Orcades professaient, dit-on, un profond mépris pour une certaine peuplade de l'île de Thulé qui se nourrissait de lépas, acte qui, aux yeux des Orcadiens, constituait le dernier degré d'abaissement de la race humaine. Ce sentiment des Orcadiens policés à l'égard de leurs voisins conchyvores, peut se comparer au dédain superbe avec lequel les zoologistes ont depuis traité les conchyliologistes. A son tour, le sec et prosaïque mathématicien s'est mis à regarder du haut de son orgueil le naturaliste, dont il classe les études parmi les exercices futiles et inutiles de l'intellect humain. Puis, tranchant sur le tout, l'oisif et vaniteux satirique, gonflé de son heureuse ignorance, accable de sa verve moqueuse et enveloppe dans un mépris égal la science du naturaliste et celle des calculateurs. Il est vrai que, de son côté, le critique n'échappe pas à la supériorité monoyée du marchand enrichi, qui ne reconnaît de distinction entre les mortels que celle qu'établit la fortune.

Quant à nous qui prisons tous les savoirs et tous les mérites, nous trouvons qu'il y a profit à faire dans chacun d'eux. La science et la philosophie découlent des petites choses comme des grandes ; elles sont partout, voire même dans les mollusques et les conchyliologistes, deux classes méconnues d'individus estimables, souvent en contact les uns avec les autres, mais avec plus d'avantage cependant pour les seconds que pour les premiers.

Voyez l'huître. A quel point de vue le monde en général, — et nous n'entendons pas seulement la masse ignorante, — mais le monde intellectuel, le monde bien élevé, le monde classique, — à quel point de vue, disons-nous, le monde la regarde-t-il? Tout simplement comme un mets délicat, comme une chose bonne à manger. Le plus désintéressé des mangeurs d'huîtres ne sépare les deux coquilles de la pauvre créature que pour en avaler le contenu, sans examen ni réflexion. Il savoure avec un *gusto* non dissimulé l'excellent animal qui lui arrive dans un baril d'Ostende, de Marennes ou de Cancale. Il délecte son palais et satisfait l'exigence de son estomac. Il ne s'arrête point à contempler la curieuse complication de l'organisme de la bête. Que lui importe son admirable réseau de muscles et d'artères? Il ne s'en doute seulement pas. Il tranche la barbe du pauvre être, cette membrane de l'étrange et curieux appareil au moyen duquel l'huître respire, aussi innocemment qu'il raserait la sienne. Il avale la succulente bouchée sans songer qu'il dévore un corps et des organes que toute la science humaine ne parvient qu'à disséquer et à détruire sans l'ombre d'espoir de les recomposer ni de les réanimer jamais.

Bien plus, Cuvier, Owen, Coste ou tout autre savant profondément versé dans les mystères de ce monde infiniment petit des mollusques, vînt-il pour un moment s'élever contre ce cannibalisme, l'acte d'un être doux et calme en avalant un autre sans se rendre compte de ce qu'il fait, un de ces grands savants fît-il mille efforts pour éclairer notre ostréiphage en lui découvrant les beautés de la conformation de la victime, soyez sûr que le mangeur d'huîtres trouverait l'interruption aussi maladroite qu'impertinente, et qu'il passerait outre en mettant à exécution son intention première d'engloutir son huître sans autre forme de procès.

Le monde est plein de semblables mangeurs. Quand bien même nous réussirions, pour notre compte, à leur persuader, à ces hommes sensuels, d'hésiter, — d'écouter seulement cinq minutes, — nous sommes convaincus qu'ils vivraient et mourraient plus sages et plus heureux, mais qu'ils n'en restreindraient pas d'une douzaine la consommation du malheureux testacé dont ils faisaient leur proie au temps de leur ignorance.

D'un autre côté, voyez le pur conchyliologiste. Avec quelle ardeur, avec quelle passion il vide son huître. Croyez-vous qu'au moins il va examiner ou goûter cette chair grasse et appétissante? Pas le moins du monde, il la jette au vent et se contente de la rude et inutile coquille qui lui servait d'enveloppe ; il en compte toutes les sinuosités, tous les degrés superposés, sans s'inquiéter si là dedans a vécu une créature quelconque. Il s'embarrasse peu de savoir comment cette coquille a grandi en raison de l'âge de l'animal, et comment cet animal était tourné. Toute son ambition se concentre dans le désir de posséder un beau spécimen d'écaille d'huître. Ce désir, s'il est parvenu à le réaliser, s'il tient son trésor... après lui avoir

jeté un dernier regard d'amour, il va se coucher
et dort, heureux toute la nuit, en rêvant qu'il est
étendu sur un banc d'huîtres exclusivement composé d'écailles de choix et entièrement vides !
Lucien a ridiculisé les philosophes qui consacraient
leur vie à fouiller l'âme des huîtres. Le philosophe
satirique a dépassé son but. Ces prétendus sages
étaient de respectables personnes, comparées
à leurs confrères qui ne s'occupent pas plus de
l'âme de l'huître que son corps, mais qui con-
centrent toutes leurs facultés dans la contem—
plation de sa coquille.

Et cependant il y a une certaine dose de philosophie à extraire d'une coquille d'huître, philosophie à laquelle n'ont jamais songé les conchyliologistes exclusifs, philosophie noble et merveilleuse,
qui nous permet d'entrevoir les œuvres de la puissance créatrice à travers les incommensurables
abîmes du passé ; philosophie qui nous parle
de la Genèse des huîtres, longtemps avant que
l'idée de la création de l'homme fût seulement
conçue ; qui nous donne, pour mesurer le temps de
l'édification de notre monde, un instrument que
mathématiciens, philosophes de la nature, astro—
nomes et savants réunis n'ont jamais pu inventer ;
qui nous ouvre et retourne les pages du livre où

l'histoire de notre planète, ses convulsions, ses repos et ses progrès successifs sont décrits d'une manière ferme et sûre, en caractères irrécusables! Les phrases de ce livre s'enchaînent toutes les unes aux autres ; ce sont les versets inséparables d'un psaume éternel et symétrique, d'un hymne harmonieux et grandiose, tout inspiration et poésie. Le livre de la Nature n'est-il pas un livre inspiré?

Et cependant les phrases de ce poëme sublime sont pour la plupart de pauvres coquilles d'huîtres et d'autres reliques semblables. Cet alphabet n'est pas plus compliqué que le nôtre, et quand on veut se mettre à épeler la grande Bible de la Nature, on parvient bien vite à y lire couramment. Nous le répétons donc, il y a une philosophie dans les coquilles d'huîtres.

Et maintenant, dans l'huître elle-même, dans l'huître animal, n'y a-t-il pas matière à philosopher? Dans ce petit corps mou et gélatineux, à la fois mâle et femelle, gît tout un monde de vitalité et de paisible jouissance. Quelqu'un a dit des terrains fossilifères qu'ils étaient « des monuments du bonheur des premiers âges. » N'est-il pas permis de voir dans un calme et tranquille banc d'huîtres la concentration du bonheur des temps présents. Tout engourdies que semblent les nombreuses créatures qui y sont agglomérées, chacune d'elles jouit là de la béate existence d'un dieu épicurien.

Le monde avec ses soucis et ses joies, ses tempêtes furieuses et ses calmes plats, ses biens et ses maux, tout est indifférent à l'insouciant mollusque. S'inquiétant peu de ce qui se passe dans son voisinage, même le plus immédiat, il concentre en lui-même son âme tout entière, sans toutefois se laisser absorber dans l'indolence et l'apathie, car son corps a ses tressaillements de vie et de jouissances. L'immense Océan sert à ses plaisirs ; chaque vague lui apporte une nourriture fraîche et choisie, qu'il saisit sans le moindre effort. Chaque atome d'eau qui vient en contact avec ses délicates branchies dégage l'air qu'il contient pour rafraîchir et tonifier le sang transparent de l'animal. Invisibles à l'œil nu, des millions de cils vibratiles se meuvent incessamment avec un battement synchronique sur chaque fibre de ses folioles frangées. Certes, le vieux Leuwenhoek pouvait bien s'écrier, en examinant au microscope la barbe d'un mollusque, « je ne pouvais me rassasier de ce spectacle, il n'est pas au pouvoir de l'esprit humain de concevoir tous les mouvements que je trouvai dans un espace qu'aurait couvert un grain de sable. » Encore le naturaliste hollandais, qui n'avait pas l'aide puissante des instruments que nous possédons aujourd'hui, ne fit-il qu'obtenir un vague aperçu de l'admirable appareil ciliaire au moyen duquel ces mouvements s'exécutent.

Que d'étranges réflexions naissent dans l'esprit, quand on songe que cet inimitable mécanisme a été créé tout simplement pour le bien-être d'un malheureux mollusque ! Et ce n'est pas la seule merveille de ce curieux organisme. L'animal réunit dans son être plusieurs parties qui ne semblent pas essentielles à son économie, parties dont il pourrait être privé sans troubler en rien l'harmonie de ses fonctions, et qui pourtant se retrouvent toujours si constamment et toujours aux mêmes endroits, qu'on ne saurait douter qu'elles n'aient eu leur place dans le plan originaire suivant lequel fut conçue l'organisation des mollusques. Ce sont des symboles d'organes destinés à être développés chez des créatures plus haut placées dans l'échelle des êtres ; peut-être des antitypes de membres, des anticipations de sens à l'état de projet, premiers traits d'une esquisse qui doit s'achever ailleurs. Toutefois, ces rudiments imparfaits ont ici leur but, car leur présence est un signe de corrélation et d'affinité entre une créature et une autre. Au moyen de ce trait-d'union, il n'est peut-être pas impossible au mangeur d'huîtres d'établir entre sa victime et lui un lien commun de sympathie et de parenté... éloignée.

L'existence du mollusque n'est point un repos éternel et monotone. Étudiez les phases de la vie d'une huître, depuis son âge le plus tendre, alors qu'elle est encore à l'état d'embryon, libre des attaches maternelles, jusqu'à la consommation de sa destinée, quand le couteau du sort séparera ses muscles et la condamnera à l'ensevelissement dans un sépulcre vivant. Comment fait-elle son entrée dans le monde des eaux? Ce n'est pas, comme bien des gens seraient disposés à le croire, sous la forme d'une huître en miniature, d'un petit bivalve immobile et stupide, défendu par les murailles de sa prison. Non; l'huître se lance dans la carrière vive et frétillante, mollement ballottée par les vagues, et aussi gaie et alerte dans ses humides domaines, que le papillon et l'hirondelle sur l'aile des zéphirs. Tout d'abord, c'est une petite créature microscopique, un amour d'huître, pourvu de lobes en forme d'ailes, qui flanquent une bouche et des épaules, et dégagée de toute espèce de membres inférieurs. C'est dans cet état qu'elle passe sa joyeuse jeunesse, allant, venant, gambadant, comme pour se railler des pesants et immobiles auteurs de ses jours. Elle voyage ainsi de banc d'huîtres en banc d'huîtres, et si elle a le bonheur d'échapper aux embûches de toute sorte que des milliers d'ennemis dressent à sa jeune inexpérience, après avoir jeté son feu elle fait une fin et vient chercher dans une solide écaille les joies de la maternité.

Là, l'heureux mollusque pourrait achever paisiblement son existence et laisser aux siècles futurs ses coquilles épaissies par le temps, comme un monument de son passage ici-bas, tribut apporté à la fondation d'une autre époque géologique, contribution à une nouvelle couche de la croûte terrestre, n'était l'inexorable gloutonnerie de l'homme qui, arrachant ce sobre citoyen de la mer à son lit natal, l'emporte sans résistance au sein de cités populeuses et le livre en pâture à la voracité de la foule. Si l'huître est belle, de proportions recommandables et de saveur délicate, elle est introduite dans la somptueuse demeure du riche, à la manière du philosophe ou du poète, pour rehausser la splendeur des fêtes. Mais si c'est une pauvre créature au dos bombé, aux formes épaisses, au goût commun, le Destin lui assigne pour demeure passagère le vaste baril du maréyeur des rues, d'où elle sort bientôt fortement assaisonnée de gros poivre et de vinaigre, et à moitié embaumée à la façon des anciens rois d'Égypte, pour glisser dans l'estomac affamé du premier venu.

Sans les soins pris pour conserver les bancs d'huîtres et veiller à leur prospérité, la guerre incessante faite par la race humaine à ce mollusque tant estimé, mais tant persécuté, aurait fini depuis longtemps déjà par en anéantir l'espèce. Ce dut être un instinct naturel qui poussa le premier mangeur d'huître à tenter sa grande expérience.

« *Animal est aspectu horridum et nauseosum,* » remarque avec raison Lentilius, « *sive adspectes in sua concha clausum, sive apertum, ut audax fuisse credi queat qui primum ea labris admovit.* » Une fois cependant que le savoureux morceau fut goûté, l'aspect horrible et nauséabond de l'animal fut bien vite oublié. Les gastronomes apprirent de bonne heure à apprécier les différentes qualités de ce délicieux testacé, ainsi que celles de certains autres mollusques, selon le lieu de leur origine.

> .... « Non omne mare est generosæ fertile testæ.
> Murice Baiano melior Lucrina peloris :
> Ostrea Circeis, Miseno oriuntur echini ;
> Pectinibus patulis jactat se molle Tarentu m. »

(...Mais toute la mer n'en produit pas d'un égal renom. Au murex de Baïes il faut préférer la palourde du Lucrin. Les huîtres se trouvent à Circé, les oursins à Misène et les larges pétoncles font l'orgueil de la voluptueuse Tarente.)

C'est ainsi qu'Horace enseignait les bons endroits où l'on devait se procurer les meilleurs échantillons des mollusques en faveur de son temps. Quant aux huîtres, cependant, nous ne croyons pas que jamais les huîtres de Circeium aient égalé celles de la Manche, et les anciens Romains ont droit aux félicitations les plus vives sur la justesse de leur goût, à propos de leur prédilection pour les huîtres des côtes d'Angleterre, à qui leur supériorité reconnue valut l'honneur, unique pour des mollusques, de se faire manger sur les tables de l'Italie, à une époque où il n'était question ni de steamers, ni de chemins de fer.

Quand Juvénal dit d'un de ses contemporains :

« Circeis nata forent, an
Lucrinum ad saxum, Rutupinove edita fundo
Ostrea, callebat primo de prendere morsu. »

on voudrait que cet aimable épicurien pût être rappelé un instant à la vie, et qu'il lui fût permis de passer une heure au milieu d'un parc aux huîtres de Londres ou de Paris, pour y retrouver ce succulent testacé, cultivé, civilisé et amené, après des siècles d'expérience, au plus haut degré de perfection.

D'après les naturalistes français qui se sont occupés de la matière, une huître n'est apte à paraître dans Paris qu'après avoir été soumise à une éducation préalable. En effet, les bancs artificiels créés sur les côtes de France, dans lesquels ces intéressantes bêtes sont emmagasinées pour en être retirées au fur et à mesure des besoins de la consommation, sont construits de manière à être baignés par la marée haute, et leurs habitantes, accoutumées à passer sous l'eau la plus grande partie des vingt-quatre heures, profitent de ce temps pour entr'ouvrir leurs écailles, ayant grand soin de les refermer hermétiquement dès que le flux s'est retiré. Habituées à ces alternatives d'immersions et d'air libre, elles finissent par s'ouvrir et se fermer à des intervalles réguliers, et elles continueraient ce manége à leur grand dommage dès leur arrivée dans Paris, si on ne leur apprenait pas d'une manière fort ingénieuse à éviter le mal. Chaque convoi d'huîtres, destiné à faire le voyage de la capitale, est soumis à un exercice préliminaire qui consiste à tenir la coquille fermée à d'autres heures qu'à celles de la marée basse, jusqu'à ce que le mollusque ait appris par expérience qu'il lui est nécessaire de se clore dans sa maison chaque fois qu'il est hors de l'eau. De cette façon, les huîtres font leur entrée dans la capitale du monde civilisé en huîtres bien élevées, sans bayer à tout venant, comme des paysans ébaubis. Il est bien entendu que, pour notre compte, nous n'acceptons pas la responsabilité de cette anecdote conchyliologique.

Eu égard à la consommation toujours croissante des huîtres, au petit nombre et au peu d'étendue des bancs artificiels, et à la dévastation à laquelle l'insouciance des pêcheurs livre les bancs naturels et les lieux restreints où les mullusques se trouvent à l'état indigène, il viendra certainement un temps où l'espèce, si l'on n'y prend garde, décroîtra considérablement, et où le précieux testacé renchérira nécessairement au point de ne plus trouver place que sur la table du riche. La loi a fait de son mieux pour protéger les huîtres. Il est certain qu'avec des soins convenables, on peut en conserver une quantité déjà grande ; mais les huîtres n'ont pas que l'homme pour ennemi. Les astéries, avec leurs longues pattes inexorables, saisissent le moment où les imprudentes entr'ouvent leurs coquilles pour les en arracher ; les buccins s'attachent à leur écaille supérieure et ne la quittent pas qu'elle ne soit percée d'outre en outre.

Heureusement que l'homme ne les enlève guère à

leurs humides foyers avant qu'elles aient atteint leur maturité. Un propriétaire de parc aux huîtres peut dire exactement les âges de ses mollusques. Les huîtres sont dans toute leur perfection de cinq à sept ans. Ce n'est pas à la bouche qu'on reconnaît l'âge d'une huître, c'est sur son dos que l'animal porte son extrait de naissance. Quiconque a tenu une écaille d'huître, a pu remarquer qu'elle semble faite de couches superposées disposées en gradins : ce sont ces *pousses* qui déterminent l'âge de l'animal, chacune d'elles marquant une année. Jusqu'à l'époque de la maturité, les *pousses* se succèdent régulièrement; mais au delà de ce temps elles deviennent irrégulières et s'empilent les unes sur les autres de telle sorte que la coquille devient de plus en plus épaisse et massive.

A en juger par l'épaisseur de certaines coquilles, ce mollusque, vivant à sa guise et à l'abri des persécutions, est appelé à une longévité patriarcale. Dans les spécimens fossiles, il se trouve des écailles d'une énorme épaisseur. Dans certains terrains de formation primitive, on rencontre un nombre immense d'écailles d'huîtres par couches superposées. Dans chaque lit, tous les individus ont atteint leur pleine grosseur. Comme elles ont dû être heureuses, ces huîtres antédiluviennes, nées à une époque où les gastronomes n'existaient pas! Merveilleuse géologie, qui nous apprend qu'il y avait des huîtres longtemps avant qu'il y eût des hommes pour les manger, et des bancs d'huîtres longtemps avant qu'il y eût des dragueurs pour les pêcher !

Dans le langage scientifique, l'huître est désignée sous le nom de *ostrea edulis*. Les Grecs l'appelaient ὄστρεον et se servaient comme de bulletin de vote de sa coquille, nommée ὄστρακον, d'où l'expression bien connue d'*ostracisme*. Pourvue d'une double coquille qui s'ouvre et se ferme au moyen d'une charnière et de muscles, l'huître est rangée dans la classe des bivalves ; ses branchies, disposées en feuillets, la font en outre placer dans l'ordre des lamellibranches. Des côtes de la Manche à celles de la Méditerranée on la trouve à une profondeur variant de quatre à quarante brasses. Tout le monde connaît la forme de l'huître. Disons toutefois que son poids et sa taille ne sont pas une indication du volume de chair renfermé dans les écailles.

Anatomiquement, l'huître n'est pas le membre le plus élevé de sa tribu, celle des mollusques, car, quoique bien organisée sous d'autres rapports, l'huître est dépourvue de tête. Les diverses parties

qui constituent son corps sont enveloppées dans
une espèce de tunique membraneuse (le manteaau),
qui, non-seulement les renferme, mais qui forme
la coquille extérieurement, en extrayant de l'eau
les éléments minéraux dont cette coquille est composée. Les organes que possède notre *ostrea* sont
les suivants : un estomac et un canal digestif, un
foie, un cœur et des vaisseaux sanguins, des branchies pour respirer, des muscles pour fermer ses
valves, des glandes reproductrices et des nerfs.

Voyons d'abord le système digestif. D'œsophage,
il n'en existe guère. La bouche, qui est placée
près de la charnière, au fond de la cavité du coquillage, et qui est pourvue d'une paire de lèvres
charnues, s'ouvre presque directement sur un
vaste estomac perforé de canaux qui apportent la
bile du foie. A l'autre extrémité du sac stomacal
est attaché l'intestin. Ce tube, relativement plus
long chez l'huître que chez la plupart des bivalves,
est très-sinueux avant d'arriver à sa terminaison.
Celle-ci est située sur le dos du muscle qui clôt la
valve sur une saillie qui pointe vers l'ouverture de
l'écaille.

Le foie est une glande large et importante ensevelie dans la substance de l'animal et d'une couleur
brune foncée. Il se compose de lobes ou feuillets

nombreux qui, à leur tour, contiennent des cavités plus petites dans lesquelles on peut voir les véritables cellules hépatiques. Le travail de la digestion, qui se fait autant dans l'intestin que dans l'estomac, consiste dans la solution et l'absorption de la matière verte végétale (*nuvicula*) dont l'animal se nourrit.

Le cœur, contrairement à ce qui a lieu chez la plupart des mollusques de la même famille, n'est pas traversé par l'intestin : on peut donc dire de l'huître que le chemin de son cœur n'est pas l'estomac. Il est situé au bas du dos de l'animal et se compose de trois cavités, dont deux reçoivent le sang qui a été purifié dans les branchies et dont la troisième chasse le fluide vital dans les artères. Toutefois, le système de la circulation est imparfait, car il n'y a pas de vaisseaux entre les artères et les veines, et le sang qui s'échappe des premières traverse les différents espaces (*lacuna*) du corps avant d'entrer dans les secondes. Le fluide nutritif lui-même est incolore, mais il contient de ces granules que M. Wharton Jones a été le premier à signaler. Ces espaces forment un beau réseau qui cependant ne doit pas être confondu avec une autre série de cavités que certains naturalistes supposent se rattacher à ce qu'ils appellent le système aquifère.

Tout le monde a observé les branchies de l'huître : ce sont ces franges délicates qu'on voit à la barbe quand l'huître est ouverte. Il y en a quatre ; elles sont faites de plis du manteau membraneux et sont couvertes extérieurement de milliers de délicats filaments vibratiles appelés cils (*cilia*). D'après William, ces feuillets branchiaux sont en grande partie composés de vaisseaux sanguins repliés sur eux-mêmes et arrangés en séries parallèles. En outre, les cils sont disposés de manière à créer des courants qui suivent la direction du sang lui-même. Les branchies, étant constamment exposées à l'eau fraîchement oxygénée, donnent au sang la faculté de se purifier à ce contact et de revenir au cœur pour être chassé dans les divers organes qui en ont besoin.

L'huître a un muscle solide, un seul, — celui qui ferme les deux valves et que le couteau de l'écaillère tranche si cruellement en ouvrant la coquille. Ce muscle se compose d'une masse compacte de fibres, fermement attachées à la surface interne des deux valves et placées vers le centre de chacune d'elles : c'est par la contraction de cette masse fibreuse que l'animal rapproche ses valves. à volonté. On distingue trois paires de centres nerveux qui sont réunies par de véritables nerfs, et ceux-ci s'irradient sur tout le corps. La première paire est placée près de la bouche, de chaque côté de cet organe, et réunie par des filets nerveux d'une extrême ténuité. La seconde est située en arrière, auprès des branchies. La troisième, faiblement développée, est placée près de la masse labiale. La portion de l'appareil nerveux qui est installée près de la bouche de l'animal peut être regardée comme constituant une espèce de cerveau.

On a beaucoup discuté sur les organes reproducteurs de l'huître. Il paraît démontré aujourd'hui que l'huître est hermaphrodite.

L'huître peut-elle voir? William répond par l'affirmative et va même jusqu'à lui trouver trente yeux distincts en saillie sur le bord du manteau. Mais Siebold est d'un avis contraire et considère les prétendus yeux de l'animal comme de simples excroissances dépourvues de puissance optique. La question reste donc indécise. Il n'est pas douteux toutefois que ces mollusqnes ne soient sensibles à la lumière.

Voilà pour les caractères anatomiques généraux de l'huître ; on peut encore à son sujet poser quelques questions et celle-ci d'abord, par exemple : quel âge l'huître peut-elle atteindre? Un chiffre exact est difficile à donner, mais il est positif que, dans quelques cas, l'animal peut atteindre un grand âge. De l'examen de certaines huîtres fossiles, il semblerait résulter qu'elles ont dû vivre au moins une centaine d'années, mais évidemment, pour l'huître comme pour l'homme depuis l'âge des patriarches, ce sont là des cas exceptionnels.

Des mœurs de l'huître il n'y a pas grand'chose à dire. Elle ne possède aucune puissance de locomotion, si ce n'est à l'état embryonnaire. En conséquence, ce que raconte Lister des changements de position de l'huître, suivant les marées, peut être regardé comme de la fable pure.

L'huître se nourrit surtout de substances végétales. Quand elle trouve cette nourriture en abondance, elle s'engraisse. Elle se plaît aux températures chaudes et n'arrive pas à la perfection dans les climats froids. Voilà pourquoi les huîtres des côtes occidentales de la France, que réchauffe le Gulf stream, ont l'avantage sur les huîtres anglaises. Un fond, légèrement sablonneux ou vaseux et comparativement peu recouvert d'eau, est très-favorable au bon goût de l'huître adulte. C'est une question non encore résolue, toutefois, que celle de savoir si l'huître pourrait vivre dans l'eau douce aussi bien que dans l'eau salée. L'eau douce, dans tous les cas, n'affecte que son goût ; elle n'a pas d'effet sur son développement.

Rien ne donne à supposer que les anciennes nations de l'Orient cherchassent dans les huîtres un aliment. Les perles étaient parfaitement connues ; on les trouve même mentionnées dans l'Écriture. Mais, en dehors des huîtres, bon nombre de bivalves produisent des perles, et les huîtres de Ceylan (la Taprobane antique), quelque prisées qu'elles fussent pour les perles qu'elles donnaient, ne figurèrent pas sur la table des gourmets de l'antiquité.

Les Romains, eux, connaissaient fort bien l'huître et comme mollusque *alimentaire* et comme mollusque producteur de la perle, témoin la célèbre perle que César envoya à Cléopâtre.

Il n'est pas étonnant que ce peuple, qui fit une étude si profonde de tous les conforts de la vie, ait connu l'art de la culture artificielle des huîtres. Pline, dans son *Histoire naturelle* (liv. IX, chap. LXXIX), parle en ces termes du Romain qui introduisit le premier l'ostréiculture chez les anciens :

« Le premier individu qui créa des bancs d'huîtres artificiels fut Sergius Orata, qui les établit à Baia au temps de Lucius Crassus l'orateur; juste avant l'époque de la guerre marsique. Ce n'est pas pour une satisfaction de gourmandise que S. Orata imagina ces parcs, mais bien pour en tirer profit. C'est lui qui le premier aussi inventa les bains suspendus ; puis il acheta et bâtit des villas qu'il revendait quand il trouvait l'occasion favorable. C'est lui encore qui sut donner la prééminence pour le goût aux huîtres du lac Lucrin ; *car toute espèce d'animal aquatique se trouve être meilleur dans un lieu que dans un autre.* Ainsi, le meilleur anarrhique du Tibre est celui qu'on prend entre les deux ponts ; le meilleur turbot est celui de Ravenne, la meilleure murène vient de Sicile, et les meilleurs élopes de Rhodes. Il en est de même de tous les autres articles de gastronomie. On ne connaissait pas encore les huîtres des côtes britanniques à l'époque où Orata fit ainsi la répartition des huîtres du lac Lucrin. Plus tard, cependant, on en alla chercher à Brindes, au bout de l'Italie, et on les nourrit dans le Lucrin. »

Deux lignes d'explication sur ce paragraphe.

On n'est pas d'accord sur l'origine du nom d'Orata ou Aurata donné à ce Sergius. Les uns croient que ce nom lui venait de ce qu'il était grand amateur de carpes dorées, les autres, de ce qu'il portait aux oreilles de larges anneaux d'or. Dans tous les cas, c'était un homme riche et entre-

prenant, très-partisan du luxe et des élégances de
la vie. En effet, malgré le dire de Pline, qu'il cul-
tivait les huîtres pour en faire argent comptant,
Cicéron (*De finibus*, lib. II) l'appelle *luxuriarum
magister*, un maître en fait de luxe. Son industrie
d'arranger des villas pour les revendre n'est pas
inconnue de nos jours. Quant à ses bains suspendus (*pensilia balnea*), les commentateurs et les
architectes supposent qu'ils consistaient en une
forme particulière de planchers au-dessus des
bouches de chaleur du calorifère. Pour ce qui est
de la qualité relative des poissons selon le lieu de
leur provenance, nous y reviendrons plus loin.
Mais nous dirons tout de suite que Pline a insisté
plus d'une fois sur l'excellence des huîtres britanniques. Il les cite ailleurs comme un manger
exquis. Ce qu'il dit des mœurs de ce mollusque
prouve qu'il a beaucoup étudié.

« Les huîtres, écrit-il, aiment l'eau douce et les
rivages où de nombreuses rivières se déchargent
dans la mer. On ne les rencontre guère au milieu
des rochers et dans les lieux éloignés du contact
de l'eau douce, comme dans le voisinage de Gry-
nium et de Myrina, par exemple. Généralement
elles augmentent de grosseur à mesure que la lune
croît, comme nous l'avons déjà fait remarquer en

traitant des animaux aquatiques. Mais c'est au commencement de l'été plus particulièrement et quand les rayons solaires pénètrent les eaux basses que les huîtres se gonflent de substance laiteuse. C'est là aussi une raison qui explique leur petitesse quand on les prend au large ; l'opacité de l'eau tend à arrêter leur croissance.

« Les huîtres affectent diverses teintes. Elles sont rouges en Espagne, fauves en Illyrie et noires à Circeium, — la chair aussi bien que la coquille. Mais dans chaque pays les huîtres les plus estimées sont les huîtres compactes qui ont plus d'épaisseur que de largeur. Il ne faut jamais les prendre dans des fonds de vase ou de sable, mais les détacher de fonds durs et solides. La chair doit être ferme, mais non charnue. Le mollusque ne doit pas avoir de bords frangés ; il faut qu'il soit contenu tout entier dans la cavité de la coquille. Les experts en cette matière exigent encore d'autres conditions ; il faut, disent-ils, que la barbe soit bordée d'un filet pourpre, de ce filet qui leur vaut le nom de *calliblephara* (à belles paupières).

« Les huîtres sont d'autant meilleures qu'on les fait voyager et qu'on les change d'eau. Ainsi, les huîtres de Brindes, nourries dans les eaux de l'Averne, conservent leurs qualités natives et ac-

quièrent en outre le goût de celles du lac Lucrin.

« Examinons maintenant les pays qui produisent
l'huître, afin d'accorder à chacun sa part de mérite ; mais ici nous emprunterons l'opinion d'un
écrivain qui s'est montré plus connaisseur sur ce
point qu'aucun des autres auteurs contemporains.
« Les huîtres de Cyzicum , dit Mucianus , sont
« plus grosses que celles du Lucrin, plus fraîches
« que celles des côtes britanniques, plus douces
« que celles du pays des Médules, plus savou-
« reuses que celles d'Éphèse, plus grasses que
« celles de Lucum, moins visqueuses que celles
« de Coryphasium, plus délicates que celles d'Is-
« trie, et plus blanches que celles de Circeium. »
Malgré tout cela cependant, il est positif qu'il
n'existe pas d'huîtres plus fraîches ni plus délicates que les huîtres de Circeium, mentionnées
en dernier lieu.

« D'après les historiens de l'expédition d'A-
lexandre, les Grecs trouvèrent dans la mer de
l'Inde des huîtres d'un pied de diamètre. Chez
nous aussi il est des huîtres très-larges que certains gourmands désignent sous le nom de *tridacna ostrea* (à trois morsures), voulant ainsi
donner à entendre qu'il les faut couper en trois

pour pouvoir les manger. Nous profiterons de l'occasion pour dire quelles sont les propriétés médicinales attribuées aux huîtres. Les huîtres sont singulièrement rafraîchissantes pour l'estomac et tendent à aiguiser l'appétit. »

La coutume où l'on est encore de manger quelques huîtres au début du dîner, pour ouvrir l'appétit, prouve que l'huître n'a rien perdu dans l'estime des modernes sous le rapport de ses excellentes qualités hygiéniques. La grande huître, désignée sous le nom de *tridacna*, nous rappelle l'huître américaine. Juvénal, nous l'avons vu, parle des huîtres de Rutupea comme étant très-estimées. Ce lieu est le Richboroug actuel, dans le comté de Kent.

Valère-Maxime, un chroniqueur qui vécut à une époque postérieure de beaucoup à celle de Pline, parle aussi de Sergius Orata. Contrairement à Pline, Valère-Maxime attribue les entreprises d'ostréiculture de Sergius bien plus à son amour du luxe qu'à une question de commerce. Mais, malgré l'épithète de Cicéron, la version du naturaliste est la plus probable. Voici d'ailleurs ce que dit Valère-Maxime :

« Caïus Sergius Orata fut le premier à inventer les bains suspendus... c'est lui qui, pour mettre son palais à l'abri des caprices de Neptune, créa des mers à son usage, en protégeant des étuvières contre l'action des vagues et en y enfermant au moyen de barrages différentes espèces de poissons, de manière à pouvoir, quel que fût l'état de la mer, pourvoir en tout temps au luxe de sa table. Il couvrit les bords du lac Lucrin de constructions spacieuses, afin d'avoir sans cesse des huîtres fraîches. En empiétant de la sorte sur le domaine public, il eut avec Considius, un fonctionnaire des finances, un procès dans le cours duquel l'avocat Lucius Crassus dit que Considius se trompait s'il croyait qu'en évinçant Orata du lac on l'empêcherait d'avoir des huîtres, Orata, à défaut de lac, saurait bien, ajoutait-il, faire pousser des huîtres sur les toits. »

Dans sa description du lac Fusaro, M. Coste donne la meilleure idée possible des travaux exécutés par les Romains pour la culture des huîtres par les moyens artificiels. Comme cette description fait partie d'un volumineux document sorti des presses de l'imprimerie impériale, et qui n'est pas dans le commerce, le lecteur nous saura gré sans doute d'en extraire ici quelques passages :

« Au fond du golfe de Baïa, entre le rivage et

les ruines de la ville de Cumes, on voit encore
dans l'intérieur des terres, les restes de deux anciens lacs, le Lucrin et l'Averne, communiquant
jadis ensemble par un étroit canal, dont l'un, le
Lucrin, donnait accès aux flots de la mer à travers
l'ouverture d'une digue sur laquelle passait la
voie Herculéenne ; bassins tranquilles qu'un soulèvement de ce sol volcanisé a presque complétement comblés, et où, comme disaient les poëtes,
la mer semblait venir se reposer. Une couronne
de collines hérissées de bois sauvages projetant
leur ombre sur leurs eaux en avait fait une retraite
inaccessible, que la superstition consacra aux
dieux des enfers, et où Virgile conduit Énée. Mais
vers le septième siècle, quand Agrippa les eut dépouillées de cette végétation gigantesque et que
fut creusée la route souterraine (grotte de la Si-
bylle) qui conduisait du lac Averne à la ville de
Cumes, le mythe dévoilé disparut devant les travaux de la civilisation. Une forêt de splendides
villas, bâties et ornées avec les dépouilles du
monde, prit la place de ces sombres bocages.
Rome entière se donna rendez-vous dans ce lieu
de délices, où l'attiraient un ciel si doux et une mer
d'azur. Les sources chaudes, sulfureuses, alumi-
neuses, salines, nitreuses, qui coulaient du som-

met de ces montagnes, devinrent le prétexte de ces émigrations de patriciens que l'ennui chassait de leurs demeures. »

M. Coste trace ensuite une esquisse des travaux de Sergius Orata, en adoptant et en développant l'histoire de Valère-Maxime. Puis il décrit la méthode en cours aujourd'hui sur le lac Fusaro pour la culture de s huîtres, et qui y a existé de temps immémorial. Cette méthode, selon lui, est précisément celle de Sergius Orata. Il existe des preuves qu'elle remonte peut-être au siècle d'Auguste, ou, comme Pline l'avance, au temps de l'orateur Crassus, avant la guerre des Marses. Ces preuves consistent en deux vases funéraires en verre, découverts l'un dans la Pouille, l'autre aux environs de Rome. Ces vases sont couverts de dessins de perspective dans lesquels on reconnaît des viviers attenant à des édifices et communiquant avec la mer par des arcades. Sur l'un d'eux on lit : STAGNUM PALATIUM (nom que portait quelquefois la villa de Néron sur les bords du Lucrin), et au-dessous OSTREARIA. L'autre vase, conservé au musée de la Propagande à Rome, porte les mots suivants : STAGNUM NERONIS, OSTREARIA SYLVA, BAIA. Les viviers représentés sur ces vases funéraires montrent une certaine disposition de pieux en—

chevêtrés en sens divers, disposés en cercles, et qui n'étaient là évidemment que pour recevoir et garder la progéniture des huîtres, suivant la méthode pratiquée aujourd'hui par les ostréiculteurs du lac Fusaro. M. Coste décrit tout au long cette industrie du lac en question, et comme cette étude a été pour lui la base de ses travaux subséquents et qu'elle explique une foule de points essentiels qu'il est bon de connaître tout d'abord, nous allons lui faire quelques emprunts :

« Entre le lac Lucrin, les ruines de Cumes et le cap Misène, écrit l'éminent et regretté professeur, se trouve un autre étang salé, d'une lieue de circonférence environ, d'un à deux mètres de profondeur dans la plus grande étendue, au fond boueux, volcanique, noirâtre, l'Achéron de Virgile enfin, qui porte aujourd'hui le nom de Fusaro. Dans tout son pourtour, et sans qu'il soit possible de dire à quelle époque cette industrie a pris naissance, on voit de distance en distance des espaces, le plus ordinairement circulaires, occupés par des pierres qu'on y a transportées. Ces pierres simulent des espèces de rochers que l'on a recouverts d'huîtres de Tarente, de manière à transformer chacun d'eux en un banc artificiel. Il y a quarante ans environ, les émanations sulfureuses du cratère occupé par les eaux du Fusaro ayant pris une trop grande intensité, les huîtres de tous ces bancs artificiels périrent, et, pour les remplacer, on fut obligé d'en faire venir de nouvelles.

« Autour de ces rochers factices, qui ont en général deux à trois mètres de diamètre, on a planté des pieux assez rapprochés les uns des autres, de façon à circonvenir l'espace au centre duquel se trouvent les huîtres. Ces pieux s'élèvent un peu au-dessus de la surface de l'eau, afin qu'on puisse facilement les saisir avec les mains et les enlever quand cela devient utile. Il y en a d'autres aussi qui, distribués par longues files, sont reliés par une corde à laquelle on suspend des fagots de menu bois, destinés à multiplier les pièces mobiles qui attendent la récolte.

« A la saison du frai, qui a lieu ordinairement de juin à la fin de septembre, les huîtres effectuent leur ponte, mais elles n'abandonnent pas leurs œufs, comme le font un grand nombre d'animaux marins. Elles les gardent en incubation dans les plis de leur manteau, entre les lames branchiales. Ils y restent plongés dans une matière muqueuse nécessaire à leur évolution, matière au sein de laquelle s'achève leur développement embryonnaire.

« Ainsi liée, la masse que forment ces œufs ressemble par sa consistance et sa couleur à de la crème épaisse ; aussi nomme-t-on par analogie *huîtres laiteuses* celles dont le manteau renferme du frai. Mais la teinte blanchâtre si caractéristique des œufs fraîchement pondus prend peu à peu, à mesure que l'évolution se poursuit, une nuance d'un jaune clair, puis d'un jaunâtre plus obscur, et finit par dégénérer en gris brun, ou en gris violet très-prononcé. La masse totale qui a perdu en même temps de sa fluidité, probablement par suite de la résorption progressive de la substance muqueuse qui enveloppait les œufs, offre alors l'aspect d'un banc compacte. Cet état annonce que le développement touche à son terme, et devient l'indice de la prochaine expulsion des embryons, et de leur existence indépendante ; car déjà ils vivent très-bien hors de la protection que leur fournissaient les organes maternels. Bientôt, en effet, la mère rejette les jeunes éclos de son sein. Ils en sortent munis d'un appareil transitoire de natation, qui leur permet de se répandre au loin et d'aller à la recherche d'un corps solide où ils puissent s'attacher. Cet appareil, découvert par M. le docteur Davaine et décrit dans le remarquable travail qu'il a entrepris et exécuté sous les auspices dé M. Rayer, mon confrère à l'Académie des sciences, est formé par une sorte de bourrelet cilié pourvu de muscles puissants à l'aide desquels l'animal peut à volonté le faire sortir hors des valves ou l'y faire rentrer. Lorsque la jeune huître est parvenue à se fixer, ce bourrelet qui lui est désormais inutile tombe, ou, ce qui est plus constant, s'atrophie sur place et disparaît peu à peu.

« Le nombre des jeunes qui sont ainsi expulsés, à chaque portée, du manteau d'une seule mère ne s'élève pas à moins d'un à deux millions ; en sorte qu'aux époques où tous les individus adultes qui composent un banc laissent échapper leur progéniture, cette poussière vivante s'en exhale comme un épais nuage qui s'éloigne du foyer dont il émane, et que les mouvements de l'eau dispersent, ne laissant sur la souche qu'une imperceptible partie de ce qu'elle a produit. Tout le reste s'é—gare, et si ces animalcules, qui errent alors çà et là par myriades au gré des flots, ne rencontrent pas des corps solides où ils puissent se fixer, leur perte est certaine ; car ceux qui ne sont pas devenus la proie des animaux inférieurs qui se nourrissent d'infusoires finissent par tomber dans un milieu impropre à leur développement ultérieur, et souvent par être engloutis dans la vase (1). »

Après ces notions préliminaires, M. Coste décrit le mode adopté par les pêcheurs du lac Fusaro pour donner artificiellement aux jeunes huîtres le moyen de se développer et de trouver des lieux propres à leur développement. Les pieux et les fagots dont on y entoure les bancs artificiels ont précisément pour but d'arrêter au passage cette poussière propagatrice et de lui offrir des surfaces où elle puisse s'attacher « comme un essaim d'abeilles aux arbustes qu'il rencontre au sortir de la ruche ». Cette poussière, en effet, s'y cramponne et y croît assez vite, pour qu'au bout de deux ou trois ans chacun des corpuscules vivants dont elle se compose puisse être devenu adulte, c'est-à-dire être bon à manger.

« Les faits dont m'ont rendu témoin les pêcheurs chargés de l'exploitation du lac Fusaro, dit M. Coste, confirment ce que j'avance ici. Des piquets de renouvellement fichés autour des bancs artificiels, depuis trente mois environ, ont été re-

---

1. M. Moquin-Tandon semble adopter l'opinion de ceux qui pensent que les jeunes huîtres, espèces de larves, peuvent à l'aide d'un appareil musculaire puissant, nager avec facilité, flotter autour de leur mère, et même, au moindre danger, se réfugier entre les valves maternelles, — ce qui assimilerait les huîtres aux kanguroos.

tirés devant moi chargés d'huîtres auxquelles on pouvait assigner, malgré les nombreuses variations de taille, trois époques distinctes. Les plus grandes provenant du premier frai qui s'était fixé sur ces pieux avaient de 6 à 9 centimètres de diamètre et pouvaient la plupart être livrées au commerce ; les moyennes, dont le diamètre était de 4 à 5 centimètres, n'avaient que seize ou dix-huit mois, et étaient le produit d'une deuxième saison ; les plus petites offraient le module d'une pièce de deux francs, les autres, celui d'une pièce de cinquante centimes ; d'autres enfin avaient la largeur d'une grosse lentille, c'est-à-dire 6 à 8 millimètres. Dans cette troisième catégorie, l'âge des premières, d'après le témoignage des pêcheurs, était à peu près de six mois ; celui des secondes de trois ; les dernières n'auraient eu qu'un mois ou quarante jours d'existence. Or, l'accroissement de celles-ci paraîtra assez rapide si l'on veut considérer qu'au moment de leur expulsion elles n'avaient qu'un cinquième de millimètre de diamètre (1).

« Lorsque la saison de pêche est venue, on

1. D'après M. Dureau de la Malle (Acad. des sc., 19 avril 1852), de jeunes huîtres, déposées dans les parcs de Cancale, prendraient un très-rapide accroissement. En un an et demi, elles atteindraient neuf centimètres, tandis qu'il leur faudrait pour cela cinq ans sur le banc de Diélette.

retire les pieux et les fagots, dont on enlève successivement toutes les huîtres réputées *marchandes*, et, après avoir cueilli les fruits de ces grappes artificielles, on remet l'appareil en place pour attendre qu'une nouvelle génération amène une deuxième récolte. D'autres fois, sans toucher aux pieux, on se borne à en détacher les huîtres au moyen d'un crochet à plusieurs branches. La source d'où ces générations émanent reste donc permanente, se perpétuant et se renouvelant sans cesse par l'addition annuelle de l'infime minorité qui ne déserte pas le lieu de sa naissance. Le produit de la pêche, renfermé et entassé dans des paniers en osier de forme sphérique et à larges mailles, est provisoirement déposé, en attendant la vente, dans une réserve ou parc établi dans le lac même, à côté du pavillon royal, et construit avec des pilotis qui supportent un plancher à claire-voie, armé de crochets auxquels on suspend les paniers. »

Ce fut l'étude de ces procédés qui fit naître chez M. Coste l'idée d'organiser et d'encourager en France la culture des huîtres. Auparavant, la pêche des huîtres y était, comme en Angleterre, l'occupation d'un nombre restreint de personnes qui s'en étaient fait une espèce de monopole. Au lieu d'entrer dans l'alimentation ordinaire, l'huître était devenue un luxe de table, et par suite de la déplorable habitude de draguer les bancs outre mesure, ce précieux mollusque devenait de plus en plus rare. M. Coste démontra que si, au moyen de quelque procédé analogue à ceux du lac Fusaro, l'on ne mettait un terme à cette espèce de massacre de la poule aux œufs d'or, les huîtres finiraient bientôt par disparaître. Leur culture, au contraire, pourrait devenir une industrie aussi fructueuse que la culture du sol et une source inépuisable de richesse nationale. L'ingénieux professeur persuada le gouvernement d'entreprendre cette grande œuvre. Déjà M. Carbonel avait essayé d'appeler l'attention sur la nécessité de créer sur le littoral français des bancs nouveaux. Cette entreprise d'utilité publique, disait M. Coste, ne pouvait être accomplie que par la prévoyante initiative des gouvernements. « A eux seuls incombe le devoir de veiller à la conservation et au développement de cette source d'alimentation, car le domaine des mers est une propriété sociale. »

L'administration de la marine française avait déjà compris la question en interdisant l'exploitation des bancs naturels pendant la saison du frai et en obligeant les pêcheurs à rejeter à la mer les

huîtres n'ayant pas encore les dimensions réglemen-
taires. Cette sage mesure avait déjà donné d'excellents résultats. Là, toutefois, ne devait pas se
borner l'intervention de l'administration. Dans la
pensée de M. Coste, il fallait encore que les ingé-
nieurs hydrographes de l'État dressassent une carte
topographique des fonds à l'abri des envasements,
et que des bâtiments de la marine de l'État, chargés du précieux mollusque comestible, allassent le
semer sur ces fonds appropriés. De la sorte, les
huîtres de l'Océan pourraient être transportées à
peu de frais dans la Méditerranée, et de la Méditerranée dans les étangs salés qui bordent les rivages
de cette mer.

Ces représentations de M. Coste inaugurèrent en
France ce grand mouvement qui promet aujourd'hui
d'ouvrir au pays une nouvelle source de richesse,
et qui ne saurait manquer d'être imité ailleurs.

A l'époque où l'attention des naturalistes français
fut appelée tout d'abord sur la culture artificielle
des huîtres, une des premières questions qu'ils se
posèrent fut celle de savoir si l'on pouvait appliquer à l'huître les procédés de propagation artificielle si heureusement appliqués aux poissons par
les pisciculteurs, devancés, ne l'oublions pas, par
l'humble paysan des Vosges, Joseph Remy.

M. de Quatrefages se prononça pour l'affirmative dans un mémoire à l'Académie des sciences (*Comptes rendus*, février 1849), que rappelle M. Coste dans son *Voyage d'exploration sur le littoral de la France et de l'Italie*. Une chose à noter d'abord dans ce mémoire, c'est que l'auteur y combat l'idée, généralement admise chez les naturalistes, que les huîtres sont hermaphrodites.

« On admet généralement, dit M. de Quatrefages, que les deux sexes sont réunis chez les huîtres. Des observations que j'ai faites, il y a quelques années, m'ont porté à embrasser une opinion contraire. Des recherches plus récentes, dues à M. Blanchard, ont confirmé ces premiers résultats, et je crois qu'on devra regarder ces mollusques comme ayant les sexes séparés. L'expérience m'a appris que, chez les mollusques qui présentent cette condition, les fécondations artificielles réussissaient très-aisément. Dès lors on pourrait appliquer ce procédé à l'élève des huîtres aussi bien qu'à celui des poissons. Dans le cas même où les sexes seraient réunis, je crois que le procédé, pour être un peu moins facile, serait également applicable, et je suis convaincu que l'industrie trouverait ici, dans cette application de la physiologie, une nouvelle source de profits (1).

« Plusieurs des bancs d'huîtres dont l'exploitation est le gagne-pain des populations pêcheuses de la Manche sont tellement appauvris, qu'on a dû les abandonner. Livrés à eux-mêmes, la repopulation en est toujours très-lente, parfois même un banc trop complétement épuisé disparaît pour toujours. Or, du moment que l'on connaît les localités favorables au développement des huîtres, il serait facile, en employant les fécondations artificielles, d'obtenir une repopulation prompte.

« Pour semer les huîtres sur un banc épuisé, il faudrait porter les œufs fécondés jusque sur le fond même, afin d'éviter les pertes que causeraient inévitablement les courants et les vagues. Dans ce but, je crois qu'on devrait opérer la fécondation dans des vases renfermant une assez grande quantité d'eau ; puis, à l'aide de pompes dont les tuyaux seraient enfoncés à une profondeur suffisante, on répandrait les œufs sur tous les points que l'on saurait avoir été autrefois les plus riches... Indépendamment de ces bancs naturels qu'on pourrait

---

1. M. Moquin-Tandon penche à croire que les huîtres possèdent les deux sexes et remplissent à la fois les deux rôles paternel et maternel. Il ajoute : « Les organes de la fécondité n'apparaissent, chez nos mollusques, comme les fleurs chez les végétaux, qu'à l'époque déterminée où leur fonction doit s'accomplir. »

ainsi entretenir et cultiver, je crois que l'élève des huîtres dans des étangs et dans des réservoirs artificiels deviendrait facile, par l'emploi des fécondations artificielles. Toutefois, des essais, des études même, sont ici nécessaires pour indiquer les meilleurs procédés à suivre; je rappellerai seulement ici et à titre de document, que l'huître ne paraît pas redouter la présence d'une certaine quantité d'eau douce. Ainsi on trouve ces mollusques en assez grande quantité dans la France, par exemple, à une hauteur telle que, lors des plus basses eaux, ils doivent se trouver baignés par de l'eau douce presque pure. »

Telles étaient, en 1849, les opinions de M. de Quatrefages. Mais depuis lors des recherches plus minutieuses, entreprises sur la génération des huîtres, ont prouvé qu'incontestablement les huîtres sont hermaphrodites. La fécondation s'opère dans le sein même de l'animal, c'est-à-dire soit dans l'ovaire (ce qui est le plus probable), soit dans les canaux qui, de cet ovaire où ils prennent naissance, conduisent les œufs dans les plis du manteau où ils doivent éclore. Cette fécondation ovarienne antérieure à la chute des œufs qu'elle vivifie n'a rien en somme qui doive surprendre ; les oiseaux en général, et les gallinacés en particulier, en fournissent des exemples frappants.

Dans de pareilles conditions, la fécondation artificielle, telle qu'on la pratique chez les poissons, serait impossible chez les huîtres, les procédés naturels sont les seuls praticables et qu'on doive conseiller à l'industrie. Ce qu'il s'agit de faire, c'est de protéger la progéniture des huîtres là même où elle est née. Conformément à ces vues, M. Coste soumit au gouvernement un rapport sur l'état des huîtrières du littoral de la France et sur la nécessité de leur repeuplement.

Ce travail, daté du 5 février 1858, peut être regardé comme le point de départ du mouvement actuel en faveur de l'ostréiculture en France. L'auteur, en déplorant l'état de décadence de l'industrie huîtrière, signalait ce fait, qu'à la Rochelle, à Marennes, à Rochefort, aux îles de Ré et d'Oléron, sur vingt-trois bancs formant précédemment l'une des richesses du pays, dix-huit étaient complétement ruinés, tandis que ceux qui fournissaient encore un certain produit étaient gravement compromis par l'invasion croissante des moules. Il en résultait que les éleveurs, ne pouvant plus y trouver une récolte suffisante pour garnir leurs *parcs* et leurs *claires*, étaient contraints d'aller chercher le coquillage à grands frais sur les côtes de Bretagne, sans suffire pour cela aux besoins de la consommation.

La baie de Saint-Brieuc, qui possédait autrefois sur son excellent fonds quinze bancs en pleine activité, n'en avait plus que trois à cette date de 1858. De deux cents, le nombre de ses bateaux de pêche était tombé à vingt, et le nombre de ses pêcheurs, de quatorze cents qu'il était, se trouvait réduit à cent quarante. Ce déclin, presque aussi sensible dans la rade de Brest, se faisait également remarquer à Cancale et à Granville.

« A ce déplorable état de choses il y a un remède, disait M. Coste, un remède d'une application facile, d'un succès certain, qui fournira à l'alimentation publique d'incalculables richesses. » Ce remède, selon lui, c'était d'entreprendre, aux frais de l'État, par les soins de l'administration de la marine et à l'aide de ses vaisseaux, l'ensemencement du littoral de la France, de manière à repeupler les bancs ruinés, à raviver ceux qui s'éteignaient, à étendre ceux qui prospéraient, à en créer de nouveaux partout où la nature des fonds permettrait d'en établir. La baie de Saint-Brieuc était éminemment propre à une expérimentation de ce genre ; la dépense était relativement insignifiante, et, avec toutes les précautions voulues, le succès était assuré.

Parmi ces précautions, M. Coste plaçait en première ligne celle de ne laisser séjourner hors de l'eau le coquillage reproducteur que juste le temps indispensable pour son transport du lieu de pêche ou de son entrepôt provisoire à celui de sa destination. Une autre condition importante, c'était celle de la surveillance et de la culture des champs sous-marins fertilisés par la science, surveillance et culture auxquelles il fallait affecter une chaloupe de huit ou dix tonneaux, montée de quatre ou cinq hommes, et pouvant servir à la fois de gardienne et d'instrument d'exploitation. Avec cet instrument d'investigation, l'exploration des huîtrières serait facile. Si la vase s'accumulait sur les fonds producteurs, ou si les moules ou les plantes les envahissaient, la drague de l'équipage dégagerait les huîtres ensevelies ou arracherait les parasites, « comme la charrue les mauvaises herbes de la terre ». Ainsi cultivée et surveillée, la baie de Saint-Brieuc deviendrait une espèce de pépinière d'huîtres capable de repeupler toutes les côtes de la France.

La récolte des embryons d'huître, ou *naissain*, qui, au temps du frai, sortent des valves de chaque mère, est un point très-important exigeant tous les soins des agents de l'administration. Chaque huître

Immersion des huîtres reproductrices dans la baie de Saint-Brieuc (P. 281).

produit un ou deux millions de petits. Dans l'état de choses ordinaire, c'est à peine si l'on peut espérer qu'il en reste une douzaine sur les coquilles de la mère. Le surplus se disperse entraîné par les flots ou périt dans la vase, ou devient la proie d'autres animaux. Le problème était de trouver un artifice qui permît de recevoir cette inépuisable semence et d'en faire profiter les fonds à peupler.

Plusieurs méthodes ont été essayées. La première consiste à faire descendre sur les bancs des fascines retenues au fond par de grosses pierres ; on ne les enlève qu'au moment où les jeunes ont pris une suffisante dimension pour pouvoir être employés à peupler d'autres parages. « Les vaisseaux de l'État, dit M. Coste, porteront alors ces bâtis où l'on aura résolu d'organiser de nouveaux bancs. Quand ils y seront établis depuis un certain temps, le jeune coquillage s'en détachera naturellement et retombera sur les fonds préalablement nettoyés par la drague, comme le froment du semoir sur le sol préparé par la charrue. Ce transport devra être effectué en février ou en mars,. parce qu'à cette époque de l'année le *naissain* déposé sur le branchage, celui de septembre comme celui de mai, est assez facile à reconnaître, le premier ayant déjà le diamètre d'une pièce de vingt sous, le second celui d'une pièce de deux francs. On peut donc juger alors s'il est rare ou abondant, et dans quelle mesure il contribuera à l'œuvre qu'on veut accomplir. »

En concluant ce rapport, M. Coste recommandait une modification notable de la loi concernant la pêche des huîtres. L'ouverture de la campagne en septembre a son bon côté, sans doute ; jusqu'à cette époque, le coquillage a déjà frayé en grande partie ; mais il porte à sa surface une population nouvelle, qu'il serait important de ne pas détruire. Mieux vaudrait donc que le draguage des bancs fût reporté à février ou mars. Alors les jeunes huîtres de l'année auraient acquis les dimensions dites de *rejet*, et celles qui adhéreraient encore aux valves de la mère en seraient facilement détachées, soit pour être portées au gisement reproducteur, soit pour être, comme à Cancale, conservées dans les *étalages*. Quant à l'objection qu'on n'aurait que trois mois pour exploiter les bancs, puisqu'en mai les huîtres commencent à être *laiteuses*, et que la pêche est interdite, elle est sans valeur, attendu que six semaines d'un draguage quotidien suffiraient pour épuiser tout le littoral de la France. Le coquillage livré à la consommation pendant cette période n'est pas celui qu'on retire de la mer, puisqu'il faut qu'avant de figurer sur les marchés il ait séjourné plusieurs mois dans des parcs, des claires, des viviers, et qu'il ait été soumis à certains soins.

Le rapport dont l'analyse précède était le projet ; celui qui suit (daté du 12 janvier 1859) est le compte rendu des expériences couronnées de succès faites dans les huîtrières artificielles créées, aux frais de l'État, dans la baie de Saint-Brieuc. La rade choisie présente un fonds solide, propre, composé de sable coquillier ou madréporeux, lé-gèrement recouvert de marne ou de vase et ayant une superficie de 12,000 hectares. « Le flot qui, à chaque marée, y oscille du nord-ouest au sud-ouest et du sud-ouest au nord-ouest, avec une vitesse d'une lieue à l'heure, y apporte une eau sans cesse renouvelée, entraîne dans son cours tous les dépôts malsains et contracte, en se bri-sant sur les nombreux rochers de ces parages, les propriétés vivifiantes qu'une incessante aération lui communique. »

L'opération de l'immersion des huîtres repro-ductrices, commencée en mars, se termina vers la fin d'avril. Pendant ce temps, 3 millions d'huîtres prises les unes à la mer commune, les autres à Cancale, d'autres à Tréguier, furent répandues sur dix gisements divers longitudinaux, représentant ensemble une surface de 1000 hectares, tracés d'avance sur une carte marine, et balisés. Cet ensemencement fut exécuté par une flottille de barques chargées d'huîtres et remorquées tantôt par l'*Antilope*, tantôt par l'aviso à vapeur de l'État l'*Ariel*. Mais il ne suffisait pas d'avoir placé le coquillage dans les conditions les plus favorables à la multiplication, il fallait encore installer autour de lui et au-dessus de lui de prompts moyens d'en recueillir la progéniture et de la fixer sur les lieux mêmes. A cet effet, on pava d'écailles d'huîtres et d'autres coquillages les fonds des champs reproducteurs, de manière que tout embryon y tombant trouvât aussitôt un corps solide où se fixer. Les valves employées à cet usage furent ramassées sur la plage de Cancale. Ces débris, autrefois inutiles et qu'on était obligé d'enlever à grands frais chaque année, deviennent désormais de précieux instruments de récolte. L'autre moyen, destiné à recueillir la semence entrainée par les courants, fut l'emploi de fascines de 2 à 3 mètres, attachées au milieu de leur longueur par un filin (1) à un lest de pierre, qui les tient élevées à 30 ou 40 centi-

---

1. M. Coste conseilla plus tard des chaînes galvanisées.

mètres au-dessus des fonds producteurs. Ces fascines furent placées par des hommes revêtus d'appareils à plonger.

Telles furent les expériences inaugurées dans la baie de Saint-Brieuc au commencement de janvier 1859. Six mois plus tard, les promesses de la science se traduisaient en une « saisissante réalité », et les résultats dépassaient toutes les espérances. « Les huîtres mères, les écailles dont on a pavé les fonds, tout ce que la drague ramène enfin est chargé de naissain ; les grèves elles-mêmes en sont inondées. Jamais Cancale et Granville, au temps de leur plus grande prospérité, n'ont offert le spectacle d'une pareille production. Les fascines portent dans leurs branchages et sur leurs moindres brindilles des bouquets d'huîtres en si grande profusion, qu'elles ressemblent à ces arbres de nos vergers qui, au printemps, cachent leurs rameaux sous l'exubérance de leurs fleurs. On dirait de véritables pétrifications. Pour croire à une telle merveille, il faut en avoir été témoin... Il y a jusqu'à vingt mille huîtres sur une seule fascine, qui n'occupe pas plus de place dans l'eau qu'une gerbe de blé dans un champ. Or, vingt mille huîtres, quand elles sont parvenues à l'état comestible, représentent une valeur de 400 francs, leur prix courant étant de 20 francs le mille, acheté sur place. Le rendement de cette industrie sera donc inépuisable... Le golfe de Saint-Brieuc deviendra un vrai grenier d'abondance (1). »

Parallèlement à ses expériences de Saint-Brieuc, M. Coste mentionne l'organisation, à Plévenon, d'un parc d'acclimatation, et il termine son rapport en sollicitant le repeuplement immédiat du littoral français tout entier, celui de la Méditerranée comme celui de l'Océan, celui de l'Algérie comme celui du midi de la France. « Les phénomènes imprévus, ajoute-t-il, auxquels il m'a été donné d'assister à Concarneau, dans les étroits viviers du pilote Guillou, ne me laissent aucun doute sur l'immense utilité d'une création qui mettra aux mains de l'État des moyens d'action proportionnés aux besoins d'une œuvre d'économie sociale. »

Après le succès démontré des expériences de Saint-Brieuc, l'ostréiculture commença à être regardée comme un fait accompli, et des études théoriques de l'homme de science elle a passé

1. D'après M. Payen, seize douzaines d'huîtres représentent les trois cent quinze grammes de substance azotée sèche nécessaire à la nourriture d'un homme de moyenne taille. Par conséquent, pour alimenter cent personnes pendant un jour, uniquement avec ces mollusques, il en faudrait dix-neuf mille deux cents ! (*Monde de la Mer.*)

dans le domaine de la pratique. Mais il reste au premier beaucoup à faire encore, la pratique ne faisant que rendre plus apparentes les imperfections de nos connaissances scientifiques. Le grand problème qui reste encore à résoudre, c'est celui de la meilleure méthode à adopter pour recueillir le naissain. Ce point découvert, il resterait peu à apprendre ; car les conditions les plus propices pour mettre le mollusque en état d'être livré à la consommation sont suffisamment connues ; et ces deux opérations, la récolte du naissain et l'engraissement de l'huître, constituent l'ensemble de l'ostréiculture.

Les méthodes adoptées par les premiers ostréiculteurs se bornaient, nous l'avons vu, à l'arrangement des piquets mobiles et l'emploi de fascines. Ces procédés sont encore excellents dans des eaux enfermées comme celles du lac Fusaro ; mais dans la mer, où les courants et les herbes abondent, la surface lisse d'un pieu n'offre pas de point d'attache assez solide à l'embryon, et les fascines sont trop facilement envahies par la végétation sous-marine. On a donc cherché d'autres procédés. Dans l'opinion du pilote Guillou, les meilleurs collecteurs sont encore les coquilles vides employées par M. Coste à Saint-Brieuc.

On sait aujourd'hui que les huîtres s'élèvent tout aussi facilement sur les hauts fonds des côtes peu recouvertes d'eau que dans les sites plus creux, et l'on conçoit que, dans le premier cas, la culture est infiniment plus facile. Un des plus tristes accidents qui puissent arriver aux huîtres, c'est le dépôt d'une grande quantité de vase. Mais en disposant au-dessus du fonds et hors de portée de la vase certains objets protecteurs, le naissain s'y fixe et évite ainsi d'être étouffé. Ces appareils collecteurs sont de formes diverses ; nous allons en donner une courte description. Toutefois, il est bon de noter avant tout que, quelle que soit la forme de l'appareil, il ne doit être mis en place qu'une semaine ou deux avant la période de production, c'est-à-dire vers la troisième ou quatrième semaine de juin. Il faut aussi adapter l'appareil aux localités. L'objet principal à atteindre est de fournir à la semence le moyen de se fixer en sûreté et de la préserver de ses ennemis naturels, les courants, la vase, le sable, les herbes et les moules ; de construire, en quelque sorte, des ruches où les huîtres mères puissent abriter les essaims de jeunes. Les formes d'appareils que recommandait M. Coste sont les suivantes :

Le *plancher collecteur*, ou simple, ou à compartiments multiples , selon qu'on veut couvrir un espace restreint ou de vastes surfaces. Il se compose de pieux enfoncés en lignes parallèles et surmontés de traverses, sur lesquelles on assujettit des planches. C'est, si l'on veut, une espèce de pont primitif. La surface des planches qui regarde le fonds est hérissée facticement, à l'aide d'un ciseau, de minces copeaux adhérents, qui multiplient les points d'attache pour les jeunes huîtres qui s'y fixent. L'organisation du plancher collecteur est telle, qu'une seule personne suffit à toutes les manœuvres. Aussitôt le naissain fixé, toutes les pièces peuvent être désarticulées , enlevées et transportées ailleurs. Dans les parcs , les viviers, etc., établis sur un fonds dur que les pieux ne peuvent traverser, ceux-ci sont remplacés par des cubes de pierres, maçonnés à la base ou maintenus par des crampons de fer.

Le *toit collecteur* peut remplacer avec avantage les pierres dont on se sert sur certains points de nos côtes pour arrêter la semence. Il se compose de chevalets de bois , qui saillissent de 15 à 20 centimètres au-dessus du sol, et sur lesquels on pose des tuiles spéciales ayant la forme de faîtières. Ces tuiles, rangées suivant divers procédés, sont maintenues ou par de simples pierres ou par des fils de fer galvanisés.

Le *rucher collecteur à châssis mobiles* offre au naissain, sous des dimensions restreintes, des points d'attache très-multipliés. Il se compose d'un coffre rectangulaire de 2 mètres de long sur 1 mètre de large et 1 mètre de haut, dépourvu de fond et portant intérieurement une série de châssis superposés, garnis d'un treillage de laiton, sur lequel on place des coquilles vides, où vient s'attacher le naissain. Cinq ou six mois après la ponte, on démonte l'appareil et l'on dépose le contenu de chaque châssis sur le sol d'un parc, d'un étalage ou d'un vivier.

Les *pavés collecteurs* sont de simples blocs de pierre dont on pave en quelque sorte les parcs, comme cela se pratique aux environs de la Rochelle et à l'île de Ré. On les dresse obliquement les uns contre les autres, de manière à former une foule de cavernes et de voûtes. Ces pavés collecteurs peuvent servir à deux récoltes ; il suffit pour cela de les retourner sur place. A côté d'avantages nombreux, ils ont l'inconvénient que les huîtres n'en peuvent être détachées sans de grandes pertes, et qu'elles y contractent, le plus souvent, des formes défectueuses.

Plusieurs espèces de tuiles ont été inventées

pour les toits collecteurs. Le docteur Kemmerer, de l'île de Ré, en a fait de très-ingénieuses, garnies, à l'intérieur de la courbure, de petits fagots de sarment, maintenus par un fil métallique galvanisé, ou, mieux encore, de coquilles naturelles et de graviers fixés par une espèce de ciment particulier.

L'île de Ré est aujourd'hui l'un des champs les plus actifs de l'ostréiculture française. Située à quelques kilomètres de la Rochelle, elle compte environ 17,000 habitants répartis en huit communes, dont Saint-Martin est la principale. C'est une petite ville fortifiée qui a résisté aux Anglais sous le duc de Buckingham, en 1628. Avant le commencement de l'ostréiculture, l'île de Ré n'avait pas d'autre titre à la célébrité, si ce n'est qu'elle était entourée de bancs d'huîtres très-productifs, mais que l'abus d'une exploitation mal entendue avait singulièrement épuisés. En 1848, la pêche était complétement abandonnée.

Les temps depuis lors ont bien changé et rien n'est plus intéressant, même aujourd'hui, que de lire dans les rapports de M. Coste les détails relatifs aux opérations de cette île. Dans celui du 22 mars 1861, le savant professeur abordait la question de l'organisation des pêches marines au point de vue de l'accroissement de la force navale de la France.

« L'idée de la mise en culture de la mer, dit-il, n'est plus une contestable promesse de la science que le dénigrement, cet éternel parasite de la vérité en ce monde, puisse faire ranger au nombre des chimères, comme il l'a essayé tour à tour pour toutes les grandes découvertes qui sont aujourd'hui la gloire et le trésor de l'humanité; car en pénétrant dans l'esprit de nos populations riveraines, cette idée transforme l'Océan en une véritable fabrique de substances alimentaires, où l'industrie attire et fixe à son gré la récolte dans les lieux qu'elle lui assigne. En sorte que, soumettant la nature organisée à son empire par une souveraine application des lois de la vie, elle fait de nos rivages un champ de production capable d'approvisionner tous les marchés de l'Europe. Il est vrai que ces entreprises n'ont encore sérieusement porté que sur la multiplication du coquillage ; mais dans cette voie elle a accompli en deux ans de tels prodiges, que, en certaines localités, les richesses déjà créées ont changé la condition sociale des populations maritimes.

« Dans l'île de Ré, par exemple, plus de trois mille hommes, prolétaires de la veille, sont descendus de l'intérieur des terres sur le rivage, pour y prendre possession des fonds émergents que l'administration leur a concédés par lots individuels, afin de donner à chacun son intérêt particulier dans l'œuvre commune. L'intrépide persévérance de cette armée de travailleurs n'a reculé ni devant la nécessité d'écouler l'immense vasière qui, sur un développement de plusieurs lieues, couvrait ce stérile domaine, ni devant la difficulté de se procurer les matériaux pour la construction des parcs destinés à le mettre en culture.

« Ils ont donc déchiré par la mine et par le fer les bancs de rocs énormes dont le pourtour de leur île était bordé, et avec les fragments ils ont formé des enceintes sur toute l'étendue de la plage envasée dont ils voulaient purger le sol. Puis, dans l'intérieur de ces enceintes, ils ont planté des pierres verticales assez rapprochées les unes des autres pour qu'en se retirant, le flot, brisé contre ces obstacles, se divise en rapides courants et entraîne la boue délayée vers la partie déclive, où un égout collecteur le conduit au large.

« Chaque parc ainsi organisé devient par conséquent un appareil de curage que le jeu des eaux convertit en un champ de production. Il y en a déjà quinze cents en pleine activité, régulièrement alignés comme les maisons d'une ville, ayant leurs grandes voies pour le service des voitures et leurs petits sentiers pour les piétons ; occupant, de la pointe de Ridevaux à la pointe de Loix, sur une longueur de près de quatre lieues, une surface de 630,000 mètres carrés ; travail gigantesque poursuivi, avec un entraînement sans exemple, dans le reste du pourtour de l'île, où deux mille établissements nouveaux sont en voie de création.

« A peine les terrains émergents, théâtre de cette merveilleuse conquête, avaient-ils subi la préparation qui les rend aptes à porter des fruits, que la semence, amenée au large par les courants, s'y répandait et y contractait adhérence avec une incroyable profusion. Les fragments de roche forment les murailles des parcs, ceux qu'on a accumulés dans les espaces que ces murailles circonscrivent disparaissent sous l'immense gisement d'huîtres bientôt marchandes, comme le sol de nos pâturages sous l'herbe mûre qui les couvre. C'est un fait que chacun peut vérifier, quand la mer abandonne ces enclos collecteurs, où l'on ramasse à pied sec le coquillage avec autant de facilité que s'il s'agissait d'un vignoble ou d'un potager. Les agents de l'autorité locale y ont compté en moyenne 600 huîtres par mètre carré, ce qui donne, pour l'ensemble des parcs en activité, un total de 378 millions de sujets, représentant une valeur de 7 à 8 millions de francs.

« La foi de ces modestes ouvriers, éclairée par un rayon de la scîence abstraite, a donc réussi à créer sur quelques kilomètres d'une plage improductive une plus abondante moisson que n'en fournit annuellement tout le littoral de la France.

« Que sera-ce quand le pourtour entier de l'île aura été mis en exploitation ! Mais ce qui me frappe davantage dans le succès de cette courageuse entreprise, c'est moins la grandenr du résultat matériel que le but moral auquel ce résultat a conduit. L'industrieuse colonie, en effet, n'a pas borné son action à l'effort isolé de chacun de ses membres ; elle a porté plus haut la dignité de son œuvre en l'élevant jusqu'à l'idée d'une association dans laquelle tous sont solidaires, en ce qui touche les intérêts généraux, sans que pour cela l'intégrité ou la valeur de la possession individuelle soit en rien affaiblie par l'institution collective. »

De la baie de Saint-Brieuc, l'ostréiculture s'est répandue sur un très-grand nombre de points du littoral français de la Manche et de l'Océan. Deux établissements modèles créés par l'État fonctionnent au bassin d'Arcachon, et depuis leur fondation un nombre considérable de concessionnaires, associés à des marins inscrits, se sont groupés autour de ces *fermes* et exercent la nouvelle industrie sur une étendue de plusieurs centaines d'hectares de terrains émergents que l'administration leur a livrés.

« A mesure que la culture de la côte s'étendra, écrivait il y a près de quinze ans M. Coste, et que les moyens employés pour l'élève et l'amélioration des huîtres progresseront, les bancs naturels (seule ressource précédemment, pour l'approvisionnement de nos marchés) ne seront plus que de simples succursales à ces immenses manufactures de produits alimentaires. »

Les prédictions de l'éminent embryogéniste se sont déjà réalisées sur plus d'un point.

Toutes les nations maritimes, inspirées par l'exemple de la France, suivent aujourd'hui ou s'apprêtent à suivre bientôt la voie qu'elle a ouverte. Des délégués de l'Angleterre, de l'Autriche, de la Belgique, du Danemark et d'autres pays sont venus à diverses reprises visiter nos côtes et ont proclamé, dans leurs rapports aux gouvernements et aux sociétés savantes qu'ils représentaient, l'immense et décisif succès qu'ils ont été à même de vérifier.

XI

LES MOULES ET AUTRES MOLLUSQUES.

Une collection de coquillages offre un spectacle qui charme les yeux en même temps qu'il frappe l'imagination, d'abord parce qu'il est impossible de trouver ailleurs dans la nature organique et inorganique une variété plus exquise de formes élégantes et de couleurs chatoyantes et ensuite parce qu'on ne peut s'empêcher de songer que tous ces objets charmants et durables sont l'œuvre d'animaux doux et frêles parmi les plus périssables des créatures vivantes.

Plus étonnant encore est un pareil assemblage quand on réfléchit à l'infinie variété de ses modèles. Car les conchyliologistes connaissent plus de cinquante mille espèces de coquillages parfaitement distincts dont chaque échantillon présente quelque particularité de contour et d'ornement. Et puis, tandis que des multitudes d'espèces offrent des traits constants et invariables, d'autres aussi nombreuses changent leur robe d'une façon si capricieuse qu'il est presque impossible de trouver deux individus exactement semblables. Il en est aussi qui, dans la fabrication de leurs spirales, obéissent aux règles géométriques les plus strictes, tandis que d'autres se tordent de mille manières fantastiques, sans règle ni symétrie.

Cependant chacune des cinquante et quelques mille espèces est soumise à une loi qui lui est propre et à laquelle chaque individu obéit implicitement et éternellement. Ainsi, quelques-unes jouissent d'une certaine liberté de variations, tandis que d'autres sont strictement astreintes à des règles immuables de la dernière simplicité; mais à aucune, sauf les cas particuliers de monstruosités anormales, il n'est permis de s'écarter des lois de son organisation propre.

Les travaux du naturaliste l'ont amené nonseulement à constater le fait de ces myriades de modifications de type dans les coquillages, mais encore à se rendre compte des lois auxquelles obéissent des groupes tout entiers d'êtres, et à se familiariser avec les principes qu'on peut tirer de l'étude minutieuse et approfondie des espèces et des genres. C'est ainsi qu'une science est née de la connaissance de détails conchyliologiques et qu'on est arrivé à la découverte de vérités importantes qui jettent un jour précieux sur les lois de l'existence dans toute la nature organisée.

La formation du coquillage lui-même est un exemple du procédé employé par la nature aussi bien dans le règne animal que dans le règne végétal. Un coquillage, simple ou compliqué dans sa forme ou dans ses nuances, est le résultat collectif des opérations naturelles d'un nombre infini de petites cellules membraneuses dont la plus grande n'a pas un deux-centième de centimètre de diamètre, et qui, dans la plupart des cas, a moins d'un quatre-millième de centimètre. Dans la cavité de ces chambres microscopiques est déposé le carbonate de chaux cristallin qui donne corps à la magnifique habitation ou plutôt à la cotte de maille qui protége le tendre mollusque.

Quelle étonnante chose que de penser que des myriades d'organes, absolument semblables et d'une infinie ténuité, peuvent combiner leur travail de telle sorte que l'œuvre qui en résulte soit un édifice égalant, surpassant même en complication, en ordre de détails, en perfection de fini, les plus beaux palais qu'ait jamais construits l'homme! Dans toute la nature, on rencontre les mêmes résultats compliqués obtenus par le même simple mécanisme. La fleur des champs, le coquillage de la mer, l'oiseau de l'air, la bête des forêts et l'homme lui-même sont autant d'œuvres de *cellules constructrices*, détails du grand édifice animé dont les instruments de la science humaine nous permettent de découvrir les maçons, mais dont il ne nous est pas donné de comprendre l'architecte.

Le mollusque, en bâtissant sa maison, ne travaille pas toujours pour lui seul. Le brillant éclat, l'étincelante iridescence de sa coquille ne sont pas toujours destinés à rester ensevelis dans les profondeurs de l'Océan ou murés dans des montagnes de roc. Le sauvage apprécie le charme de la nacre et plonge sous la vague pour chercher les perles vivantes de ses colliers et de ses bracelets grossiers, ou pour fournir à ses frères civilisés les précieux matériaux d'ornements plus artistement travaillés. La mère-perle, ainsi qu'on l'appelle, est la partie nacrée des coquillages de certains mollusques appartenant à des catégories très-différentes. Sa nuance charmante n'est pas due à une coloration spéciale, elle est le résultat de la superposition des couches de la matière solide dont le coquillage est composé.

On recherche maintenant avec beaucoup d'ar-

deur, partout où l'on peut se les procurer en assez
grande quantité, les coquilles nacrées qui donnent
la mère-perle, et ce produit forme un article
d'importation considérable. Les îles de la Manche
fournissent l'haliotis ou oreille de mer, qui s'emploie dans l'ornementation des petits meubles de
fine marqueterie. D'autres coquillages plus grands
de la même curieuse espèce, se tirent pour le
même usage des îles de l'Océan Pacifique. Ce sont
eux qui donnent la magnifique nacre vert foncé
et pourpre. Les espèces les plus limpides et les
plus pâles viennent des écailles des huîtres à perle
qui, presque toutes, habitent les régions tropicales.
La nacre des perles elles-mêmes est composée de
la même substance que le reste de la coquille. Ces
joyaux d'origine animale, tant estimés pour leur
chaste beauté, ne sont qu'un composé des sécrétions
surabondantes d'un mollusque, une série de couches
concentriques de matière animale et de carbonate de
chaux.

Dans la plupart des cas, les perles ne sont que
le résultat des efforts de mollusques irrités et mal
à l'aise, pour tirer le meilleur parti possible d'un
mal inévitable ; car, troublés dans la paix de leur
esprit et le confortable de leur corps par l'intrusion
de quelque substance étrangère, un grain de sable

17.

peut-être ou un atome de coquille détaché par hasard, les ingénieuses créatures enveloppent l'instrument de leur torture et de leur ennui dans une sphère lisse et brillante (1). Que cela nous serve de leçon, à nous autres bipèdes, pour convertir nos secrets tourments en trésors lumineux dont chacun profite !

Il ne faut pas s'étonner que les naturalistes anciens aient attribué la formation des perles à d'autres causes qu'à la cause véritable, et qu'ils les aient prises pour des gouttes de rosée ou de pluie pétrifiées tombées du ciel dans les valves entr'ouvertes du mollusque. Cette croyance a, du reste, inspiré plus d'un beau vers ; mais si l'on voulait connaître l'origine de ces fictions, qui maintenant n'ont plus cours qu'en poésie, il ne faudrait pas la chercher ailleurs que dans les rêves fantastiques de zoologistes peu scrupuleux, toujours prêts à accepter sans contrôle les récits de pêcheurs superstitieux ou les exagérations de voyageurs enthousiastes. C'est ainsi qu'ont été inventés les fameux voyages de l'argonaute, flottant, toutes voiles dehors et les rames au flanc, à la surface de mers

____

1. Voir dans notre volume *l'Ile de Ceylan et ses curiosités naturelles* le chapitre consacré aux perles. 1 vol. in-12. Paris, 1877, 6° édition.

unies comme des lacs, et aussi les expéditions terrestres de la seiche et la théorie des perles faites de
gouttes de rosée. Toutes ces erreurs, qui depuis ont
été bannies des livres scientifiques, sont restées
vivaces dans les traités populaires et conservent
leur place accoutumée dans les compilations qu'on
met entre les mains des enfants. Il serait temps
de purger tous les livres de ces prétendus faits
scientifiques sans cesse reproduits.

Dans l'immense variété des mollusques, il est
certaines espèces qui ne jouissent pas d'une excellente réputation. Il se trouve parmi ces créatures
des êtres excessivement insalubres, qui ont le don
fatal de dispenser la mort ou au moins la maladie.
Les moules surtout ont une fâcheuse renommée,
et cependant on en vend des quantités dans tous les
ports de mer. Les classes pauvres en font une
consommation considérable, mais les riches ne
s'en soucient guère, et même, sur beaucoup de
points des côtes d'Angleterre, on abandonne la
récolte des moules à cause de leur réputation d'in-
salubrité. D'ailleurs, les médecins entretiennent
cette terreur en enregistrant de temps en temps
dans leurs tristes annales des cas authentiques
d'empoisonnement par ces mollusques.

Toutefois, le nombre des victimes des moules

est fort restreint, presque nul même, eu égard à celui des mangeurs de moules. Ce qui n'empêche pas qu'un homme empoisonné ne fasse plus de bruit dans le monde qu'un million de gens non atteints, absolument comme un seul accident de chemin de fer nous fait oublier les myriades de voyageurs qui, chaque jour, sillonnent sains et saufs toutes les lignes ferrées du monde. En 1827, la ville de Leith fut mise en émoi à propos de l'attitude hostile d'une armée de ces mollusques qui, après s'être décemment et *digestivement* comportés pendant des années dans les estomacs de leurs bourreaux, se révoltèrent soudain et furent accusés d'avoir traîtreusement empoisonné des centaines de personnes. La vérité est que, comme dans toutes les batailles, on avait méchamment exagéré le nombre des tués et des blessés, qui se réduisit à quelques individus pour les premiers et à une quarantaine pour les autres.

Les victimes de ces attaques sont prises de convulsions, et souvent de paralysies locales. La plupart du temps, la peau se couvre d'urticaire. A quoi attribuer ces symptômes? Il n'a point encore été donné de règles fixes à cet égard, de sorte que l'homme qui se risque à manger des moules doit s'en remettre à sa bonne étoile. Il a en sa faveur un million de chances contre une.

Il existe un mollusque bivalve appelé anomie, remarquable par un trou percé au bord de sa coquille inférieure, par où passe un tampon de chair qui lui sert à s'amarrer aux rochers. Ce mollusque ressemble d'une manière frappante à une huître, et quand il est de grande taille, on le vend et on le mange pour tel. Sa saveur âcre pique le palais. Dès qu'on reconnaît la méprise, il faut se hâter de le rejeter, car cette huître, poivrée par la nature, produit des effets excessivement dangereux.

L'anomie nous fournit l'exemple d'un mollusque réputé innocent, en réalité très-venimeux. C'est cependant le contraire qui a lieu la plupart du temps, et les mauvaises qualités imputées aux animaux le sont le plus souvent à tort. Ainsi va le monde, le bon pâtit pour le méchant. Citons comme exemple de ceci le lièvre-marin, ou aplysie, qui, dès les temps les plus reculés, a été considéré comme un animal très-malfaisant. Les anciens Romains professaient pour ce gastéropode une horreur invincible, et croyaient que son aspect seul était une cause de maladie, quelquefois même de mort. Les émanations de l'aplysie, disait-on, infectaient l'air à la ronde. L'imprudent qui se hasardait à en toucher une ne tardait pas à voir

son corps enfler au point de courir le risque d'é—
clater ; dans tous les cas, son système pileux était
gravement atteint, ses cheveux et sa barbe tom—
baient. On tirait du corps visqueux de l'aplysie
des poisons subtils. Locuste s'en servait pour dé—
barrasser Néron de ses ennemis. Ce poison inexo—
rable suivait dans ses progrès une marche toute
particulière. Il tuait lentement et à coup sûr ; mais,
après l'intoxication, la vie mettait autant de jours
à se retirer de la victime que le mollusque en avait
vécu après sa capture. Son emploi, du reste, n'était
pas sans danger pour le meurtrier, car il trahissait
sa présence chez l'empoisonné par une foule de
symptômes certains, entre autres par son odeur
qui s'échappait par les pores du patient.

Eh bien ! même dans notre siècle de lumières,
les pêcheurs de toutes les nations, Européens,
Malais, Polynésiens, croient encore aux qualités
malfaisantes du lièvre-marin. Étrange chose qu'une
superstition aussi généralement répandue et ne re—
posant sur aucun fondement ! Tous les naturalistes
modernes de quelque réputation qui ont étudié
l'aplysie s'accordent à ne lui reconnaître aucune
espèce de venin et à la décharger de tous les
crimes qu'on lui a imputés. Cette bête noire des
pêcheurs, jolie petite créature douce et inoffen—

sive, rampe parmi les algues qui frangent la plupart des récifs, immédiatement au-dessous du niveau de la marée basse, et s'ébat avec les doris, les antiopes et autres gracieuses nymphes des ondes, métamorphosées dans nos temps prosaïques en simples mollusques à la robe nacrée. L'aplysie serait encore un exemple de mille autres erreurs vulgaires analogues.

Les fictions de cette espèce ont des racines étonnantes, elles demeurent vivaces en dépit des progrès généraux de l'esprit humain. Il y a si peu de personnes qui aient acquis, dans le cours de leur éducation, même les rudiments les plus simples de l'histoire naturelle, qu'il est extrême—ment difficile, pour ne pas dire impossible, de combattre l'erreur avec succès.

Il existe cependant un mollusque qui a fait dix fois plus de mal à l'humanité que le pauvre lièvre-marin n'a jamais été accusé d'en avoir fait, si persécutée qu'ait été cette innocente créature. Nous voulons parler du ver des navires ou taret. Le taret est un mollusque bivalve qui, comme pour venger l'huître, sa proche parente, de la guerre incessante que lui fait le genre humain, semble avoir pris à tâche de causer la mort du plus grand nombre d'hommes qu'il peut.

Cette puissance destructive, bien qu'exercée par un insignifiant mollusque, n'en est pas moins prodigieuse; car depuis que les hommes se sont occupés de marine et ont construit des navires, le taret a travaillé sans relâche, et malheureusement avec trop de succès, à faire couler ces mêmes navires. Et ce n'est point seulement aux vaisseaux qu'il s'en est pris, plus d'une bonne et solide jetée a été par lui perforée comme un crible, sans parler d'entreprises plus audacieuses, telles que de submerger la Hollande en sapant les fondations de ses digues.

Le taret est le seul mollusque qui ait réussi à effrayer les hommes d'État, et plus d'une fois il les a jetés dans une perplexité réelle. Il y a cent et quelques années, toute l'Europe croyait que les Provinces-Unies étaient condammées à disparaître de la surface de la terre, et que le taret était l'instrument que Dieu avait choisi pour abattre l'arrogance croissante des Hollandais. « *Quantum nobis injicere terrorem valuit* », écrivait Sellius, un grand politique qui devint tout à coup un grand zoologiste sous l'influence de l'alarme générale, « *qùum primum nostros nefario ausu muros conscenderet exilis bestiola! Quanta fuit omnium, quamque universalis consternatio! Quantus pavor! Quem nec homo homini, qui sibi maxime alias ab invicem timent, incutere similem, nec armatissimi hostium imminentes exercitus excitare majorem quirent.* »

L'Angleterre et la France, sans courir comme leurs voisins, les Hollandais, le danger d'une submersion soudaine, ont eu beaucoup à souffrir dans leurs bassins et dans leurs ports des entreprises du taret, auquel le chêne le plus dur ne sait pas résister. Pour se défendre contre ce terrible animal, on a été forcé de revêtir de clous à large tête les bois employés dans les travaux sous-marins des bassins. Comme la plupart des mollusques, le taret, quoique attaché à sa coquille quand il est adulte, est libre dans son *enfance*, et peut, par conséquent, se transporter et s'attacher partout où il trouve du mal à faire. C'est ainsi qu'en mer il attaque les vaisseaux, et qu'on n'a pas encore trouvé de bois capable d'arrêter ses efforts.

Avec un instinct remarquable, le taret creuse son tunnel dans la direction du fil du bois, quelle que soit sa position, et de la sorte il en vient à bout avec une redoutable rapidité. Le tube à l'aide duquel il perfore son trou a quelquefois soixante ou soixante-dix centimètres de long. Il n'est pas toujours droit, car si l'animal rencontre un obstacle assez dur pour l'arrêter, il le contourne. Quand il est à l'œuvre, il n'empiète jamais sur les travaux de ses confrères les autres tarets ; chacun creuse de son côté tant et si bien, qu'à la fin une pièce de bois attaquée par un certain nombre de ces vers se transforme en un faisceau de tubes calcaires. Le tube n'est cependant pas la véritable carapace, la coquille de ce terrible mollusque. Il faut aller chercher cette coquille à son extrémité la plus éloignée. Elle se compose de deux très-petites valves recourbées, unies à l'endroit de leur bec et magnifiquement ciselées sur toute leur surface. Le tube est un tuyau de matière calcaire, ayant pour but de conserver une communication constante entre l'animal et l'humide élément nécessaire à son existence, et servant d'enveloppe et de protection à son corps tendre et délicat et à ses longs siphons charnus.

Comment la cavité dans laquelle vit le mollusque se creuse-t-elle ? C'est un point que les naturalistes n'ont pas encore éclairci. Il y a beaucoup de mollusques doués de l'instinct de s'ensevelir dans le bois, dans l'argile ou même dans la pierre dure ; mais on ignore si de leur part ce résultat s'obtient par des moyens mécaniques, par des agents chimiques ou par l'action combinée d'une tarière et d'un dissolvant quelconque. Beaucoup de limaçons

de mer, aussi bien que des bivalves, possèdent la
propriété de perforer des corps solides, et quelques-unes de ces espèces exercent cette faculté
aux dépens de leurs congénères, dont ils percent la
dure enveloppe et dont ils sucent les sucs substan-
tiels au moyen de leurs longues trompes extensibles.

On a des raisons pour croire que cette opération
s'effectue à l'aide des dents siliceuses qui garnissent leur longue langue en ruban. Ces dents
microscopiques sont un très-bel appareil taillé
constamment de la même façon, si constamment
même, qu'à la seule inspection de la langue d'un
limaçon terrestre ou marin, le naturaliste peut se
prononcer sans hésiter sur la famille de l'animal
auquel cet organe appartient. On peut même
vérifier ainsi le genre qui lui est propre, et
l'on finira probablement par pouvoir constater
jusqu'à son espèce. Ces dents sont disposées sur la
langue en rangées transversales. Un lépas commun
de taille ordinaire est armé d'une langue d'environ
cinq centimètres de long, qui n'a pas moins de cent
cinquante rangées et plus de denticules, à raison
de douze par rangée, ce qui peut lui faire un total
d'à peu près deux mille dents. Le lépas se sert de
ce merveilleux organe comme d'une râpe pour
réduire en petites particules la substance des

herbes dont il se nourrit. Sur nos limaces de jardin, on peut compter jusqu'à vingt mille dents.
Étrange et merveilleuse, en vérité, est cette complication d'organismes microscopiques.

Dans toute la nature, les maux apparents sont
compensés par des bienfaits qui passent inaperçus.
Si destructif que soit le taret, nous ne pourrions
guère nous dispenser de ses services. Il mine, il
est vrai, les navires et les jetées ; mais il protége à
la fois les uns et les autres ; car si les débris de
naufrages et les charpentes perdues demeuraient
sous l'eau à l'état solide, l'entrée des ports en
serait souvent encombrée, et les dangers et les
dommages qui en résulteraient dépasseraient bientôt la somme de ceux dont le taret est la cause
directe. Cet infatigable mollusque est un des agents
de la police de Neptune, il nettoie et balaie la mer.
Il s'attaque à toutes les masses d'épaves flottantes
ou submergées et les réduit bientôt en poussière.
Pour un vaisseau coulé par le taret, il y en a réellement cent de sauvés, et, tout en déplorant le mal
dont il est à son insu la cause, on est forcé de reconnaître que, sans lui, il y aurait bien plus de trésors
enfouis dans les abîmes de la mer, bien plus de
marins ensevelis dans l'humide linceul des vagues.

Les mollusques avaient autrefois la réputation

d'être les plus tristes, les plus inertes, les plus stupides des créatures. « Les mollusques », écrivait encore de notre temps le naturaliste Virey, « sont les pauvres et les affligés parmi les êtres de la création; ils semblent solliciter la pitié des autres animaux. » On croyait leurs sens incomplets, si même on leur accordait des sens. En même temps, on attribuait de merveilleuses manifestations d'intelligence et de sensibilité à certaines espèces favorites ou populaires, à propos d'actions dont il ne faut leur savoir aucun gré, et qui, en somme, ne sont que des impulsions purement instinctives ou même des contractions convulsives.

C'est en cela que les vieux auteurs surtout ont péché. Hector Boethius raconte des moules à perles qu'elles ont tellement conscience du trésor qu'elles contiennent, qu'elles referment soigneusement et hermétiquement leurs valves dès qu'elles entendent un pas sur la grève ou qu'elles aperçoivent (l'auteur ne dit pas comment) la silhouette d'un pêcheur sur la rive qui surplombe leur transparente demeure. Otho Fabricius, autorité beaucoup plus grave et l'un des meilleurs observateurs de son temps, affirme que la *mya byssifera*, bivalve indigène des mers du Groënland, s'amarre par un câble ou reste libre, selon les circonstances dans lesquelles elle se trouve, supposition qui, toutefois, est plus près de la vérité que l'ingénieuse fiction de Boethius.

Le fou du roi Lear lui disait que si le limaçon avait une maison, c'était « afin d'avoir où reposer sa tête et loger ses cornes, et non pour en faire don à ses filles. » Cette explication, en forme d'apologue, valait bien toutes celles que renferment les indigestes volumes de Rondeletius et d'Aldrovandus. Toutefois, la plus haute appréciation qui ait été faite du limaçon, c'est celle de Lorenz Oken, ce philosophe naturaliste, brumeux et mystique entre tous, et cependant l'un des esprits les plus profonds et les plus inventifs. A ses yeux, le limaçon était la personnification de la prudence et de la prévoyance. Pour nous servir de ses propres expressions, il voyait dans ce petit animal la pythonisse assise sur son trépied. « Quelle majesté, s'écrie-t-il, dans la démarche d'un limaçon qui rampe ! Que de réflexion, que de circonspection, que de timidité, et avec tout cela que de ferme confiance ! Oui, le limaçon est le plus sublime symbole d'un esprit profondément replié sur lui-même. »

En bonne conscience, cependant, pas n'est besoin de savoir gré aux mollusques de faits et gestes qui ne sont point dans leur intention. Ils sont doués naturellement d'assez de finesse et de sensibilité, et leur instinct est parfois surprenant. Toutes les collections et tous les musées possèdent le coquillage turbiné du mollusque appelé phorus ou toupie, qui poussé par un instinct artistique, décore sa maison de fragments de cailloux aux couleurs brillantes, ou de coquillages d'autre mollusques, qu'il enchâsse et cimente sur ses spirales symétriquement et à intervalles réguliers. Bien plus, son amour de l'art l'emporte sur sa compassion, et il suspend sans remords aux créneaux de sa tour d'innocents limaçons de mer plus faibles que lui, qui, pour leur malheur, possèdent des couleurs et des ciselures de son goût.

Observez un limaçon, aquatique ou terrestre, au moment où il se traîne sur le sol, voyez avec quelles précautions il tâtonne son chemin, comme il étudie soigneusement chaque obstacle à l'aide de ses minces et élastiques tentacules, et comme il se rend compte instantanément de sa nature et de sa composition! Ses actions dénotent toute la délicate perception, le jugement exquis de l'aveugle qui explore avec son bâton le terrain sur lequel il va passer. Mais le mollusque a sur l'homme cet avantage qu'il porte un œil au bout de ses bras,

Cet œil, il est vrai, n'est pas l'organe compliqué qui donne la puissance de la vision chez les êtres plus haut placés dans l'échelle de la création ; c'est bien cependant un véritable œil, et si, comme c'est probable, il n'est pas destiné à discerner la forme exacte des objets, au moins suffit-il à constater l'absence ou la présence, et peut-être, dans certains cas, la nature des corps qui lui sont opposés, et, à coup sûr, à percevoir les différents degrés de lumières et de ténèbres.

A mesure que s'élève l'ordre des mollusques, l'organe de la vision se complique de plus en plus. Les mœurs des céphalopodes nous amènent à conclure que ces étranges et rusées créatures distinguent les objets tout aussi bien que les vertébrés de l'ordre inférieur. D'un autre côté, chez les tribus du dernier degré, l'organe est réduit à un point susceptible seulement de recevoir l'impression de la lumière. Chez l'acallope commune et chez quelques autres bivalves de la même famille, les yeux occupent une position très-extraordinaire ; ils sont disposés en rangées brillantes tout le long du manteau de l'animal, et constellent le bord immédiatement interne de la coquille en avant de ses tendres et filamenteuses branchies, absolument comme une homme qui aurait une rangée d'yeux au lieu de boutons sur son gilet et son habit, place qui, du reste, ne serait pas déjà si mal choisie, si, comme les acallopes, l'homme était dépourvu de tête.

Il est clairement démontré que les limaces et les limaçons possèdent le sens de l'odorat ; car la pâture fraîche les attire fort bien, ainsi que l'a observé Swammerdam il y a longtemps. La question de savoir où gisait l'organe correspondant à cette faculté a donné cependant matière à discussion. Cuvier est allé jusqu'à supposer que, dans ces animaux, toute la surface de la peau était susceptible de percevoir les odeurs, comme si les mollusques étaient autant de nez animés et indépendants ; mais Owen a, dans ces dernières années, montré que chez l'argonaute, au moins, il existe un organe spécial et distinct pour l'odorat ; et d'autres infatigables naturalistes ont trouvé chez les limaces de mer, placées bien plus bas dans l'échelle des mollusques, des organes olfactifs très-laborieusement combinés, dont le véritable but n'avait pas encore été découvert jusqu'ici.

Quelque étrange que ce fait puisse paraître, le sens qu'après celui du toucher possèdent le plus généralement les mollusques, est celui de l'ouïe. L'oreille ou appareil auditif est d'une structure excessivement curieuse. Cet organe est composé d'une ou plusieurs capsules hyalines pourvues chacune de son nerf auditif spécial. Dans cette petite cavité sont contenus des corpuscules spathiques transparents, composés de carbonate de chaux et variant quant au nombre dans les différentes espèces de mollusques. Ces petits corps sont continuellement en mouvement, vibrant en avant et en arrière, tournant sur leur axe ou se précipitant violemment vers le centre de leur prison, d'où ils sont repoussés avec une violence égale. En suivant avec attention les relations de ce curieux mécanisme avec les organes parfaitement développés et incontestables de l'ouïe chez les animaux d'ordre plus élevé, il ne reste aucun doute sur leur fonction. Il semblerait même que, dans les types beaucoup plus bas encore de l'échelle animale que ne le sont les mollusques, le sens de l'ouïe se manifeste au moyen d'organes rudimentaires semblables.

Ce que nous savons de l'extension de sens chez les mollusques est de date très-récente : cependant les recherches sur cette matière ne sont pas nouvelles. Ces animaux ont été l'objet favori des études des anatomistes depuis deux siècles ; mais la nature ne semble livrer ses secrets que graduel-

lement et par fragments, afin que nous ayons tout
je temps de méditer sur la signification de chaque
fait et que nous puissions nous convaincre de plus
en plus de l'imperfection de la science humaine
et de la nécessité de poursuivre nos recherches
avec persévérance. « Ces découvertes, écrit
le Dr G. Johnston (1), sont un exemple frappant de
l'exactitude des travaux anatomiques de notre
époque. Dans mes jeunes années d'études, on se demandait si les mollusques, à part les seiches, avaient
des yeux ; et, d'un commun accord, tout le monde
était d'avis qu'ils n'avaient pas d'oreilles et qu'ils
étaient sourds. Voyez le changement qu'ont ap—
porté quelques années dans la connaissance de
cette branche de la physiologie ! »

1. *An introduction to Conchology or éléments of the maturat,
history of molluscous animals*, travail dont sont extraites bon
nombre des pages de ce chapitre sur les mollusques.

XII

Il n'est pas de lecteur familier avec le bord de
la mer qui n'ait remarqué cent fois ces masses gé-
latineuses, orties de mer (1), comme on les appelle
vulgairement, qu'on croirait si peu, à les voir se
recroqueviller au soleil, avoir jamais servi d'habi-
tacles à la vie. Dirait-on jamais que ces pelotes
d'eau salée ont été quelque chose d'animé ? que ce
tissu tremblotant, plein de liquide, a eu autant de
droit aux honneurs de la vitalité que l'énorme baleine ou le pesant éléphant ? Cela est cependant.

Mais, pour voir les êtres avec tous leurs avantages, il faut les contempler dans leur élément
propre : le cygne veut être admiré sur l'eau.
Voici, par exemple, une large méduse, le *rhizostoma
Cuvieri*, qu'on trouve de temps en temps sur nos
côtes. La vue d'une de ces créatures, flottant dans
toute la pompe de son orgueil, donnera au lecteur
une bien plus haute idée de l'ortie de mer (nom

1. Ce nom leur vient de l'effet que leur contact produit sur la
peau et qui a quelque analogie avec la piqûre de l'ortie.

vulgaire de la méduse) que tout ce qu'auraient pu
lui faire concevoir jamais les divers spécimens
qu'on rencontre d'ordinaire échoués sur la plage.
Le grand rhizostome vous représente un parapluie
ouvert ou un parachute fait en gelée solidifiée et
mesurant cinquante centimètres de diamètre, ou
bien encore la tête d'un champignon de cette dimension (ce qui serait un admirable volume pour
ce délicieux comestible), mais composé d'une substance bleu verdâtre, assez semblable à la peau
d'une tête de veau bouillie, refroidie, et pourvue
en certains endroits d'une transparence vitreuse.

Une bordure d'environ huit centimètres de largeur pénd autour de cette coupole vivante, et, si
l'on veut y regarder de près, on verra que cette
bordure se contracte et se dilate alternativement
avec beaucoup de régularité. C'est par les secousses
ou pulsations ainsi produites, et qui chassent une
certaine quantité de l'eau contenue dans la cavité,
que l'animal se fraye sa route à travers les vagues.
Un appareil appelé pédoncule pend de l'intérieur
du dôme, occupant la place de la tige de notre
champignon imaginaire, ou du manche du parapluie
qui nous servait tout à l'heure de comparaison.
Chez le grand rhizostome, cette partie de l'animal
est très-large et son extrémité supérieure est cons-

truite de manière à former une cavité d'une certaine dimension, avec quatre ouvertures distinctes ; mais, en bas, elle se divise en huit bras très-curieux, disposés comme des têtes de choux-fleurs et d'une couleur rouge pâle, comme la chair du saumon. Chacun de ces bras se termine par des organes qui ressemblent singulièrement à des feuilles; ils sont veinés de vaisseaux, mais ils se composent de la même matière cartilagineuse que les portions supérieures de l'animal. En fait d'yeux, cette espèce de méduse est pourvue de petits globules rouges gélatineux, abrités de chaque côté par de longs lobes pendants, comme les œillères qu'on met aux chevaux. Quand on examine avec soin les bras du pédoncule, on y découvre une multitude de tentacules munies de ces « capsules à fils » au moyen desquelles un grand nombre d'animaux marins paralysent, dit-on, leur proie.

Des naturalistes ont avancé que le rhizostome se nourrit en absorbant les aliments par certains pores, situés, soit dans les feuilles pédonculaires, soit à l'extrémité des franges dentritiques. On suppose que les particules de nourriture obtenues de cette façon sont conduites par certains canaux spéciaux dans la cavité où s'accomplit le travail de la digestion. En somme, d'après ce système, l'animal se nourrirait comme les végétaux, lesquels absorbent leur nourriture par les racines. De là le nom de rhizostome (1) donné à cette espèce. La question n'est pas résolue, mais il faut convenir qu'il n'y aurait guère de raison alors pour que le rhizostome fût une batterie complète de *fils-projectiles*, si cet arsenal ne devait servir que contre des créatures assez petites pour entrer d'elles-mêmes dans les orifices qu'on présume tenir lieu de bouches.

La manière de se comporter de ces méduses monstres a encore soulevé une question intéressante. On a souvent découvert des petits poissons, des merlans, par exemple, dans les quatre ouvertures ou chambres qui conduisent à l'estomac. Que vont faire là ces animaux? Certaines gens sont d'avis que ces cavités leur servent de lieu d'abri ou de retraite, et que le petit poisson en danger s'y réfugie et se fait de la méduse un asile flottant. M. Gosse (2), au contraire, incline à croire que

1. Ῥίζα, racine, στόμα, bouche.
2. *Tenby; a Sea side holiday*, By P. H. Gosse.
Les divers travaux de M. Gosse ont donné aux habitants de « l'onde amère » un intérêt qu'on ne leur sonpçonnait pas. L'auteur, dont nous avons eu plus d'une fois déjà à citer le nom dans les pages de ce volume, est un naturaliste enthousiaste auquel on doit de savantes et nombreuses publications. Son savoir en zoologie marine est proverbial ; avec ses *aquarium* il a vulgarisé plus que personne en Angleterre cette branche de la science, dont le goût, il faut bien l'avouer, ne s'est répandu chez nous que plus tard.

les poissons entrent là poussés par leur seul instinct, ou qu'ils y sont attirés par les ruses du mollusque, dans le seul but de fournir du grain au
moulin. La question est grave, tout le monde en
conviendra ; elle intéresse sérieusement l'honneur
du grand rhizostome. Cet animal est-il un modèle
de générosité qui offre sous son *aile tutélaire* une
retraite aux poissons en ,péril, ou n'est-il qu'un
rusé scélérat qui attire chez lui d'innocentes victimes, tout en ne songeant qu'à son estomac ? Entre
ces deux théories il y a la différence d'un monde.
Nous voudrions, par conséquent, que ce point fût
élucidé. M. Gosse appuie son opinion sur ce fait
que si l'on trouve souvent des petits poissons vivants dans la méduse, on en trouve d'autres aussi
parfaitement morts. Et non-seulement ces derniers
ne sont plus que des cadavres, mais, chose horrible à dire, *ils ont tout l'air d'avoir été digérés
partiellement.* Voilà qui semble hideux ; voilà qui
ne nous plaît pas du tout. Nous ne nous étonnons
pas que M. Gosse écrive cette monstruosité en ita-
liques.

Heureusement pour l'animal, que d'autres auto-
rités viennent déposer en sa faveur. M. Peach, autre
naturaliste distingué, dont les travaux sont bien
connus, apporte de son côté un témoignage qui a

bien aussi sa valeur. Suivant lui, il paraîtrait que le rhizostome est non-seulement innocent des crimes qu'on lui impute, mais encore que sa conduite esttout à fait magnanime. Ainsi, à une époque où certaines espèces de méduses (non pas cependant le grand rhizostome) étaient fort abondantes à Peterhead, M. Peach a remarqué plusieurs fois que des petits poissons qui folâtraient autour de ces prétendus monstres d'iniquités couraient à la moindre alarme se réfugier sous leurs dômes protecteurs et au milieu de leurs tentacules. Le danger passé, la bande quittait la citadelle et recommençait ses gambades. Il n'a jamais vu qu'aucun des petits imprudents fût retenu prisonnier dans l'estomac d'une méduse; tous paraissaient aller et venir librement et au gré de leurs caprices. M. Peach cite même un exemple très-édifiant à l'appui de ce qui précède. Un petit merlan qui accompagnait une *cyanea aurita* fut attaqué en route par un jeune *pollack* de mauvaise mine, qu'il parvint cependant à éviter en mettant une méduse entre eux deux. Malheureusement un autre pollack vint en aide au premier, et les deux alliés firent tant qu'ils coupèrent la retraite au pauvre fugitif et l'entraînèrent hors de portée des ouvrages défensifs de son gélatineux ami. Le petit poisson prit la chasse, et il en résulta une poursuite à outrance de la part des deux vauriens, auxquels d'autres pollacks étaient venus se joindre. Le pauvre merlan fut bientôt atteint ; mais comme ses ennemis ne pouvaient pas l'avaler, ils le laissèrent pour mort. Le blessé cependant reprit ses sens, et clopin-clopant il se mit à nager de son mieux vers la méduse pour s'y retrancher. Mais la bande des pollacks l'ayant aperçu vint l'assaillir de nouveau, et la malheureuse victime, accablée par le nombre, fut délogée de sa position et finit par périr sous les coups de ses agresseurs.

Maintenant nous en appelons à nos lecteurs : si telles sont, en effet, les mœurs de la méduse, ce mollusque n'est-il pas la plus humaine des créatures vivantes ? Citez-nous-en une autre qui tienne maison ouverte pour les animaux en détresse et qui étende son hospitalité à des êtres qui lui ressemblent si peu sous le rapport du caractère et de la position sociale. Nous avons la confiance que le témoignage de M. Peach se corroborera de nouvelles observations. Pour notre part, nous nous permettons de penser que le fait malencontreux de demi-digestion dont les adversaires de la méduse se font une arme est au moins sujet à interprétation pour le présent, si même provisoirement on

ne peut lui trouver une explication suffisante.
Ainsi, ne se peut-il pas qu'un petit poisson se
cherche un refuge alors qu'il est blessé ou qu'il se
sent près de sa fin? et le caractère de la méduse
en serait-il entaché si celle-ci lui disait en ce cas:
« Mon ami, tu peux entrer chez moi quand tu
voudras et t'en aller à ton bon plaisir. Je suis toujours ouverte; mes cavités sont tout à ton service.
Seulement, si par hasard tu mourais dans l'appartement que je t'offre, j'emploierais ton corps pour
les besoins de ma table : mais, une fois mort,
qu'est-ce que cela te ferait ? Il doit, au contraire,
t'être agréable de penser que tu peux reconnaître
de cette façon peu coûteuse la protection que j'accorde à tous ceux de ta tribu. » Assurément, si
l'on considère le mauvais renom des habitants de
la mer, — car ils n'existent que par une mutuelle
destruction, et l'Océan est chaque jour le théâtre
d'innombrables meurtres, — il est consolant d'a-
voir à citer la conduite de la méduse pour prouver
que la vertu n'est pas entièrement bannie du monde
des eaux.

Il n'est pas de baigneur en promenade sur la
plage, dont l'attention n'ait été attirée par un objet
composé d'un petit disque aplati, d'où partent cinq
branches disposées comme des rayons autour de

la masse centrale. Cet objet est ou était naguère un être animé. L'orifice, situé sur l'un des côtés du disque, est la bouche, l'estomac occupe tout l'intérieur ; il s'enfonce dans chaque rayon, comme si le travail de la digestion exigeait le plus de place possible. A sa frappante ressemblance avec une étoile, on reconnaît tout d'abord l'étoile de mer, l'*asterias rubens* des savants. Il appartient à la classe de crustacés que les naturalistes désignent sous le nom d'échinodermes (1), mais que les gens peu familiers avec le grec appellent tout simplement animaux à peau de hérisson.

Le tégument qui enveloppe l'astérie est hérissé d'épines ou pointes acérées, dont elle se sert comme de béquilles lorsqu'elle voyage. Mais elle est pourvue d'un appareil bien plus extraordinaire, appareil si beau, si compliqué, qu'on s'étonne de le voir l'apanage d'êtres d'une classe aussi plébéienne. La surface intérieure de chaque rayon porte, dans le sens de sa longueur, un petit sillon perforé d'une multitude de trous régulièrement disposés. De chacun de ces orifices peut sortir à volonté un petit tube membraneux, qui se renfle à son extrémité en une sorte de petite boule ou

---

1. Du grec ἐχῖνος, hérisson et δέρμα, peau.

disque. Quand ces boules sont pressées contre un objet et aplaties, chacune d'elles agit comme une ventouse ou comme les rondelles de cuir mouillé avec lesquelles jouent les enfants, et elle produit un vide qui permet à l'animal de se transporter d'un lieu à l'autre, comme on croit que fait la mouche pour monter le long d'un mur perpendiculaire ou pour se promener au plafond en dépit des lois de la pesanteur. Ces tubes ou pieds sont mus par une espèce de machine hydraulique ; chacun d'eux communique à un petit bulbe, placé dans la substance du rayon et rempli d'eau. Quand ce globule se contracte, comme cela peut résulter d'un effort musculaire, le fluide qu'il contient est naturellement chassé dans le tube ; ce dernier s'allonge et presse contre l'objet extérieur. Mais quand la force comprimante cesse, le liquide retourne au bulbe et l'élasticité du tube tend à ramener en arrière l'extrémité qui fait la succion, et par conséquent à faire mouvoir ou l'objet avec lequel elle est en contact, ou le corps lui-même de l'astérie.

Chaque rayon possède plus de trois cents de ces remarquables organes, et l'on a calculé que, dans un oursin (autre membre de la famille des échinodermes) de taille moyenne, il n'y avait pas moins de dix-huit cent soixante ventouses ou suçoirs. Cependant cette armée de tubes obéit complétement à la volonté de l'animal ; il peut les employer séparément ou tous ensemble à son gré, et diriger sa course *millipède* avec tout autant de sûreté et d'adresse que la brute qui n'a que deux paires de jambes à faire manœuvrer.

La question de savoir si Argus pouvait faire agir isolément chacun de ses cent yeux, ou si Briarée pouvait employer ses cent bras à administrer des coups séparés, cette question, disons-nous, a son intérêt, même au point de vue pur et simple de la mythologie ; mais que penserait-on d'une personne qui pourvue d'un millier de membres, pourait en diriger toutes les opérations sans hésiter et les faire agir en harmonie parfaite avec tout but proposé ?

Plus extraordinaire encore est le don que possèdent certaines espèces d'astéries de disloquer leur propre structure. Certes, on ne se serait jamais attendu à trouver une pareille faculté logée dans des êtres d'un ordre si inférieur. Les *étoiles cassantes* sont, comme l'implique leur dénomination vulgaire, particulièrement habiles à ce genre d'exercice. Elles peuvent non-seulement détacher leurs rayons à leur gré, mais encore les briser en

nombreux fragments par un simple acte de volonté.
Que dirait-on d'un homme qui, par le seul effort
de son cerveau, pourrait séparer violemment ses
doigts de ses mains ou de ses pieds, ou, sur l'im-
pulsion du moment, s'arracher les membres par
fragments distincts, de manière que de tout son
corps il ne restât plus que le tronc? Quelque singulier que cela semble cependant, il y a des échinodermes qui commettent cette espèce de suicide
à la moindre provocation, et souvent même sans le
plus petit motif appréciable.

La première fois que le professeur Forbes prit
une *luidia fragilissima*, il ne l'eût pas plus tôt placée sur le banc de son canot pour l'examiner plus
à son aise, que l'impatient animal, portant sur lui-
même des mains *astéricides*, se brisa en éclats, ne
laissant au savant qu'un monceau de membres
épars. M. Forbes, ayant capturé un second spécimen de la même espèce, résolut de traiter l'irritable
bête avec tous les ménagements possibles, dans
l'espoir d'éviter une catastrophe aussi déplorable.
Mais quand la captive reconnut avec ses petits
yeux microscopiques (s'il est permis de donner le
nom d'œil à l'imperceptible point qui se montre à
l'extrémité de chaque rayon) qu'elle était au pouvoir du naturaliste, dame *luidia* prit incontinent

son parti de mourir, et, sans plus hésiter, elle en finit avec la vie par une immédiate désintégration de toute sa charpente.

Laissant ces créatures à leur coupable penchant, nous allons supposer que notre promeneur vient de remarquer sortant de petits trous du roc un certain nombre de petites tiges roides, teintées de rouge à leur extrémité. Qu'on ne s'y trompe pas, ce sont là des êtres vivants. Dans leur nomenclature bizarre, mais pittoresque, les pêcheurs les désignent sous le nom de *nez-rouge*. Les naturalistes, il est vrai, se servent à leur endroit d'un terme plus classique, non pas cependant qu'en cette occurrence ces messieurs soient beaucoup plus sages, car ils ne doivent guère s'attendre à ce que l'animal réponde jamais au nom sonore de *saxicava rugosa* dont ils l'ont gratifié. Naturellement le promeneur veut savoir quelque chose de la créature en question, et le voilà qu'il essaye de la toucher. Le nez-rouge s'y oppose et il exprime son indignation par un jet d'eau, qu'il envoie à l'intrus, comme si toute sa petite personne n'était autre chose qu'une seringue en pleine activité. Cela fait, il plonge dans son trou et s'y confine à l'abri de toute indiscrétion. L'amateur ne se tient pas pour battu : il essaye d'un autre, qui justement tend son museau comme pour engager à le prendre. Il manœuvre habilement et se jette sur ce nez, qui rappelle celui d'un ivrogne. Il le tient, croit-il. Pas le moins du monde ! l'organe insulté lui a glissé entre les doigts, et la petite créature s'est blottie au fond de sa tanière. Comment donc faire ? Miner la place et employer le ciseau et le marteau. La tâche n'est pas facile, car la pierre est dure; et quand une fois le curieux tiendra le nez-rouge, il n'aura rien de bien imposant sous les yeux. C'est un mollusque de la classe des conchylifères, un bivalve pourvu de coquilles raboteuses d'un blanc sale, et d'une trompe composée de deux tubes unis, remarquables par l'extrémité rouge d'où il tire son nom populaire.

Mais le nez-rouge est, dans son genre, un habile ouvrier : examinez-le sur son terrain et dans sa spécialité, — celle d'ingénieur des mines, — il est là positivement superbe. Il enfonce dans le roc vif des sondes molles et polies, et il est difficile de dire comment il en vient à bout. Il ne semble pas avoir d'outils en rapport avec la tâche : sa coquille est cassante et délicate; son corps est mou et souple ; il n'a sur sa personne aucune fiole d'acide pour mordre la pierre; le fameux vinaigre d'Annibal lui est inconnu. Tout facile que fût le terrain, M. Brunel aurait-il percé sa voie souterraine sous la Tamise, si lui et ses ouvriers n'avaient pas eu pour creuser leur tunnel d'outils plus forts que de simples coquilles? Cependant le nez-rouge perce sa galerie dans le cœur de la roche avec autant de succès que s'il travaillait dans un fromage de Hollande. Que, pour cet effet, il se serve de sa coquille rugueuse, de ses pieds visqueux, de quelque sécrétion chimique ou de tout autre moyen, car on a tout supposé, il est certain qu'une colonie de nez-rouges est faite pour exciter l'étonnement.

Mais beaucoup d'autres conchylifères sont remarquables par leur propension à s'enterrer : nous en avons cité, au précédent chapitre, un exemple bien connu dans le ver des navires, le taret (*teredo*), qui s'est acquis une si triste célébrité par ses ravages dans les coques des vaisseaux, ainsi que dans les docks, les jetées et toutes les constructions de bois qui plongent nécessairement dans la mer.

Le sable de la plage laisse voir encore parmi ses jolis cailloux blancs et polis un curieux petit objet qui ne semble être d'abord qu'une feuille profondément dentelée, picotée en tous sens de petits trous à peine visibles à l'œil nu. Au microscope, on découvre que ces cavités sont de petites cellules

ovales ou bassins rangés en séries régulières sur
les surfaces de la feuille. A l'une des extrémités
de chaque excavation, la muraille de circonvalla-
tion s'élève beaucoup plus haut qu'à l'autre, et sur
cette partie quatre épines émoussées sont plantées
obliquement, comme pour protéger les deux cellules voisines. A quoi servent ces curieuses petites
cavités? Il vous faudrait voir cette feuille brune
lorsqu'elle s'étale, pleine de vie, sur son sol natal,
dans les profondeurs de l'Océan, et non pas quand
elle est morte et desséchée, comme vous la voyez
dans les paniers de plantes marines qu'on fabrique
dans tous les endroits fréquentés des baigneurs.
Alors vous découvririez que chaque cellule a été
le berceau d'un animal vif et alerte, et que la
plante elle-même n'est qu'une ville de polypes
extrêmement peuplée. D'après les calculs de
M. Gosse, sur les deux faces d'une seule feuille
d'une modique superficie de sept à huit centimètres
carrés, on peut compter plus de quarante mille individus !

« Si vous voulez bien vous figurer, dit l'aimable
écrivain, une vingtaine de mille de berceaux rangés côte à côte sur une face, puis, dos contre dos,
vingt mille autres sur la face opposée, vous aurez
une idée de la construction de cette feuille. Et ne

croyez pas le nombre exagéré, ce n'est là qu'une
moyenne ordinaire. » Si l'on avait eu à construire
un colossal dortoir d'enfants, avec quarante mille
berceaux tous rangés par rues, on n'aurait jamais
rien pu imaginer de mieux pour protéger les pe—
tites créatures que ce qui existe sur la feuille en
question. Une membrane transparente servant de
rideaux est étendue au-dessus de chaque berceau,
mais il y a près de l'extrémité supérieure une fente
semi-circulaire ménagée pour la sortie du jeune
polype, lorsqu'il est assez fort pour faire ses débuts
dans la vie active. Le voilà grand ! la membrane se
soulève, le petit être se fraye un chemin par l'ouverture et se tient debout. De la partie supérieure
de sa personne part un bouquet de longues tentacules. Ces organes sont pourvus de cils. Ce court
duvet, d'une importance si considérable pour une
foule d'animalcules aquatiques, lui sert à créer
des courants et à attirer la nourriture à portée de
sa bouche. Naturellement, la première affaire de
la jeune créature est de chercher à manger, — car
nous naissons tous affamés. En conséquence, l'animal commence avec ardeur son étrange, mais
joyeuse carrière de digestion. Le zoophyte que
nous venons de décrire est connu sous le nom
d'algue cornue ou natte marine feuillue (*flustra*

foliacea). Que devient le vieux proverbe : *Vilior algâ*?

Dans sa pittoresque « Excursion sur le rivage de Tenby », dont nous venons de présenter ici quelques-uns des aquatiques citoyens, M. Gosse ne se borne pas exclusivement aux habitants de la mer et de la plage. Il va aussi pêcher des animalcules dans des marais d'eau douce. Le lecteur fera bien, s'il a un microscope, de suivre son exemple. Il n'a pas besoin naturellement d'engins compliqués : une simple fiole, attachée à l'extrémité d'un bâton, lui permettra de capturer en un clin d'œil tout un monde de nains animés. Le premier étang venu, garni d'une raisonnable quantité de lenticules ou autres plantes aquatiques, lui fournira d'innombrables échantillons de rotifères ou porte-roues qui, tout petits qu'ils sont (car les plus gros spécimens ne dépassent guère un centième de centimètre en diamètre), sont bien les plus bizarres des productions organisées.

Supposez qu'il vous arrive de prendre une philodine jaune (*philodina citrina*) : la créature en question peut, sous certains rapports, se comparer à une lorgnette de poche, car elle peut raccourcir à volonté la partie supérieure aussi bien que la partie inférieure de son corps, en les faisant glisser dans l'intérieur de sa cavité centrale. Le cou avec son épais anneau, est surmonté de deux de ces remarquables roues auxquelles toute cette classe d'individus doit son nom, et qui ont l'air de prime abord de tourner avec une effrayante rapidité sur un axe invisible. Toutefois on sait parfaitement aujourd'hui que cette apparente rotation vient du soulèvement alternatif des cils ou poils qui bordent ces mêmes roues. Le but de ce mouvement est évidemment de déterminer un courant d'eau vers la bouche de l'animal, ou de créer une espèce de petit tourbillon dans le remous duquel la proie peut se trouver prise et entraînée dans le gouffre digestif placé au-dessous.

Les roues servent aussi de locomoteurs supplémentaires à l'animal. Elles jouent absolument le rôle des aubes des roues d'un bateau à vapeur ; mais alors que les constructeurs de navires sont forcés de faire mouvoir les leurs tout d'une pièce, le rotifère peut gouverner séparément chaque cil à sa volonté, opérer avec quelques-uns seulement ou avec tous, comme il l'entend, « intercepter la vapeur », ou renverser les mouvements avec une facilité que l'homme, avec toute son adresse, ne peut jamais espérer imiter.

Non moins prompt est le mécanisme au moyen

duquel l'animal se replie sur lui-même lorsqu'il est dérangé ou insulté. Les rotifères sont d'un caractère très-susceptible ; la moindre offense suffit pour les faire se renfermer chez eux. En un clin d'œil, les roues et la partie supérieure de l'animal sont rentrées dans le tronc, comme si le cou et la tête de l'homme rentraient dans son corps chaque fois qu'il est attaqué. Puis, quand la cause de l'inquiétude est éloignée, la coulisse s'allonge avec précaution ; les roues sortent les dernières, ce qui prouve qu'elles ont été complétement entraînées en dedans comme un doigt de gant retourné. L'instant d'après, la petite créature se remet à jouer des cils comme auparavant ; mais s'il arrive que quelque infusoire mal appris vienne la coudoyer de nouveau, roues, anneau et cou redisparaissent, et il ne vous reste sous les yeux qu'une petite boule ovoïde, qui ne laisse rien soupçonner du délicat et merveilleux mécanisme dont elle est douée.

La couleur de la philodine est un autre sujet d'admiration. « Lorsqu'on le regarde à la lumière transmise, le corps est d'un jaune transparent, avec les extrémités supérieure et inférieure incolores ; mais lorsqu'on l'examine à la lumière réfléchie, il offre des teintes magnifiques. La couleur citron, devenue nette et brillante, est brusquement séparée par des portions translucides, et tout l'animal prend un aspect étincelant extraordinaire. Il réfléchit des divers points de sa surface des rayons de lumière éclatante, comme si tout son corps était de pierres précieuses. » Deux petits points rouge cramoisi, placés juste au-dessus de la partie jaune du corps de la philodine, en rehaussent encore la beauté. Ces points lui servent probablement d'yeux, quoique leur pouvoir optique soit aussi inférieur aux organes visuels des animaux de l'ordre le plus élevé que la simple lentille est inférieure aux savantes combinaisons du microscope.

Le pouvoir de contraction mentionné plus haut se retrouve dans certains infusoires marins à un degré aussi élevé que chez les rotifères d'eau douce. M. Gosse décrit une singulière petite créature du genre *zoothamnium*, qu'il a trouvée attachée en qualité de parasite au polype bois-de-cerf. Impossible de concevoir une créature plus élégante. Imaginez un petit arbre de cristal vivant, parfaitement incolore, lançant de sa tige délicate une série de branches en spirale. De ces branches sortent de nombreux petits cônes ou cloches qu'on peut comparer à des verres en miniature ou à des cornes à boire. Le bord de chaque cloche est garni de cils rotatoires.

« Dans l'aisselle des branches, ou plutôt de quelques-unes d'entre elles sont situées d'autres cloches de la même structure essentielle, mais de galbe différent, modelées qu'elles sont en forme de cruches arrondies, avec une petite embouchure circulaire entourée d'un petit bord relevé. Ces dernières sont beaucoup plus grosses que les autres. Avec un peu d'effort d'imagination, on pourrait voir là un arbre dont les feuilles seraient remplacées par des fleurs en trompes et garni d'une récolte de fruits en forme de poires. Outre le mouvement ciliaire des cloches, l'arbre tout entier est doué d'une puissance motile qu'il exerce avec vigueur. Au moment où on l'examine avec toutes ses branches étendues, la course vagabonde d'un animalcule qui passe, un faible coup sur la table, une porte qui se ferme au bout de l'appartement, fait contracter tout l'appareil du sommet à la base. Une fois rassuré, il se relève petit à petit et reprend sa position première. Quand il se redresse ainsi après s'être contracté, on voit très-distinctement que la tige elle-même est ployée en spirale, ce qui est très-difficile de constater quand elle a toute son extension. » (*Tenby*, p. 77.) Quel chêne merveilleux ce serait que celui qui se contracterait ainsi tout à coup, tronc, branches, feuilles et glands, pour un pierrot qui, en passant, lui aurait jeté un regard indiscret !

Mais que l'amateur examine autant de créatures organisées qu'il lui plaira, il est une circonstance qui échappera difficilement à son intention. Il remarquera que le grand trait de leur constitution est... l'*estomac*. A mesure qu'il descendra l'échelle des êtres, il trouvera des créatures dont les sens de l'ordre le plus noble semblent s'éclipser, s'effacer progressivement pour finir par disparaître tout à fait ; mais lorsqu'il sera arrivé aux plus humbles des zoophytes, il s'apercevra que même ces êtres rudimentaires possèdent un sac digestif quelconque. Il y a plus, beaucoup d'entre eux ne sont que de simples poches destinées à la réception de la nourriture avec un appareil de tentacules pour se la procurer. Tout le reste de l'animal ne paraît être attaché qu'accessoirement à cette cavité rapace. Il semblerait donc que l'estomac est l'organe fondamental de la nature animée.

Quand Adam passa en revue la création animale, les altérations successives des races durent certes le surprendre beaucoup, mais comme il dut s'émerveiller en voyant que, quelle que fût la faculté ou le sens omis, l'organe de l'estomac se retrouvait dans toutes les séries ! Les mains peuvent se durcir en sabots, les jambes êtres retranchées du tronc, le cerveau se réduire à quelques ganglions, le cœur être exclu du système, les yeux ne plus compter pour rien, mais toujours l'estomac survit à toutes les altérations du type, toujours il s'épanouit en dépit de toutes les suppressions.

Voilà où nous en sommes ! et cet immortel appareil est, après tout, le grand lien, le lien de parenté qui relie entre eux les êtres de l'ordre le plus élevé de l'échelle et ceux du degré le plus inférieur. Cela rappelle à l'homme orgueilleux qu'il n'est jusqu'à un certain point qu'un polype d'une nature plus complète et plus noble, et qu'il tient à la création animale tout entière, non par les sens, mais par le suc gastrique. Pareille réflexion peut avoir son côté salutaire. Quand le gourmand s'apercevra que chaque animal, jusqu'au zoophyte, possède un estomac et que certains animaux ne sont à peu près que panse, il se demandera peut-être s'il a raison de faire un dieu de l'organe qui l'élève le moins au-dessus du niveau commun de la création.

Quelqu'un a-t-il jamais pensé à personnifier l'estomac général sous les traits d'un ogre im-

mense ? Si les organes distincts de toutes les créatures étaient réunis en un vaste appareil digestif,
nous voudrions savoir quel monstre mythologique
ou quel dragon enfanté par la superstition du
moyen âge pourrait soutenir la comparaison avec
ce géant omnivore ? Qui pourrait mesurer les
montagnes de nourriture que le monstre consomme
par jour ou évaluer la quantité de liquide qui descend par le gosier commun de la création ? Les
bestiaux disparaissent de milliers de pâturages ;
des provinces entières sont dépouillées de leurs
grains ; les poissons sont arrachés aux ondes, les
oiseaux à l'air ; et l'ogre vit, toujours mangeant et
toujours affamé, demandant continuellement et
continuellement se rassasiant à une table qui ploie
sous les mets, depuis le gibier délicat jusqu'à la
vermine repoussante. Cependant, malgré cette consommation énorme, la balance se maintient toujours entre l'estomac universel et les forces pro-
ductrices de la nature. L'ogre n'engendre pas de
famine, il n'anéantit aucune race particulière. Il y
a toujours des moutons et des bœufs. Les mouches
continuent à se jeter sans défiance dans les toiles
de l'araignée, et le lion trouve toujours des buffles
sur son chemin. L'économie politique de la nature
est si perfaite qu'elle fournit au fur et à mesure des

besoins, et que le nombre des dévorants est parfaitement adapté à celui des dévorés. La partie man-
geable de la création se reproduit perpétuellement,
comme le sanglier Scrymner, dont la chair était
consommée chaque nuit par les héros du Valhalla
scandinave, mais dont le corps se retrouvait le lendemain aussi gras, aussi dodu que jamais.

Parlons donc, avec tout le respect convenable.
du grand monstre de la digestion. Il est terrible
dans sa puissance ; son incessante activité est effrayante. Comparez-le avec les autres organes de
la vitalité, et sa terrible universalité vous fera fris-
sonner d'épouvante. Réunissez tous les poumons
de la création et combinez-les en un colossal appareil respiratoire ; prenez tous les cœurs et faites-
en un immense organe de circulation ; ramassez
toutes les cervelles et pétrissez-les en une masse
cérébrale énorme : si puissants qu'ils soient, ces
organes cependant devront, comme les autres,
céder le pas à l'ogre perpétuellement éveillé qui
gouverne dans des régions où ils sont inconnus et
dont le caprice pourrait tarir les sources de leur
énergie au moment où il jugerait convenable de le
faire.

C'est dans les classes inférieures, par conséquent,
là où les organes plus intelligents font défaut, que

l'omnipotence de l'estomac se montre le mieux. Ce n'est pas d'elles qu'on peut dire « qu'elles ont autre chose à faire au monde que de manger. » Manger, pour elles, est la grande affaire et il faut voir comme elles accomplissent ce devoir agréable ! Leur vie ne se compose que de dîners et de soupers. L'histoire d'un zoophyte écrite par lui-même ne serait guère autre chose que l'histoire de ses repas. Il raconterait combien de temps il a attendu un de ses frères du même ordre ; comment il l'a attiré dans ses tentacules ; comment il est venu à bout de la victime et quel excellent goût il lui a trouvé ; ou comment, un jour, il a attrapé un polype indigeste qui lui a causé de la dyspepsie. Peut-être aussi de temps en temps expliquerait-il comment il a échappé à la dent d'un animal plus fort, qui croisait en quête de son repas. Mais chaque page du récit nous serait une preuve que l'estomac a été le point essentiel dans sa théorie de l'existence et qu'il a regardé cet organe comme la plus merveilleuse « institution » qui ait jamais été inventée.

A défaut de pareilles autobiographies, il est fort récréant de lire les détails que les observateurs ont donnés sur la manière dont le polype se comporte à table. L'hydre (un habitant des marais d'eau douce) n'est guère qu'une cavité digestive à laquelle sont attachés plusieurs poils ou fils qui lui permettent de saisir le ver ou l'insecte aquatique dont elle fait choix pour sa nourriture. Ces filaments ont six à douze millimètres en longueur, et l'animal, lorsqu'on le touche, peut se replier sur lui-même en un petit globule à peine aussi gros qu'une tête d'épingle. Eh bien ! l'hydre est un vrai glouton.

« Un polype, dit Trembley, peut venir à bout d'un ver deux ou trois fois aussi long que lui. Il le saisit, l'attire vers sa bouche et l'avale tout entier. Si le ver vient à la bouche par une de ses extré—mités, il l'avale par cette extrémité ; sinon il le fait entrer en double dans son estomac, — la peau du polype prête. Le tissu de l'estomac est si élastique qu'il peut contenir un volume d'aliments plus gros que le polype lui-même à jeun. Le ver s'enroule plusieurs fois sur lui-même dans le sac stomacal, mais il n'y reste pas longtemps vivant : le polype le suce, et, après en avoir tiré les sucs nutritifs, il rejette le reste par la bouche. »

Baker, le vieux micrographe, décrit d'une façon ravissante l'adresse des hydres à s'emparer de leur proie ; il raconte qu'il leur donnait des vers pour surprendre leurs opérations, il ne tarit pas sur « l'inexprimable plaisir » qu'il retirait de ce « délicieux passe-temps. »

Le docteur Jonhston, l'auteur de l'ouvrage sur les *Zoophytes britanniques*, rapporte (comme avant lui Goldsmith) qu'il arrive parfois que deux polypes, s'emparant du même ver, se mettent à l'avaler chacun par un bout. Quand les bouches se rencontrent, une pause s'ensuit. Si le ver ne se rompt pas, comment croyez-vous que la difficulté s'arrange! Il ne saurait être question de battre en retraite, les deux antagonistes sont trop voraces pour y songer. Eh bien ! les bouches commencent à se dilater, et le plus leste des deux adversaires saisit l'autre par le museau et l'avale avec le reste du ver qu'il a dans le corps. Cependant comme il n'entre pas dans ses projets de retenir son semblable, il se contente d'en extraire le ver, objet du conteste, et le prisonnier est renvoyé par le chemin qu'il avait suivi pour entrer.

Le même auteur cite un autre exemple de voracité aussi monstrueuse dans une créature d'un ordre un peu plus élevé. On lui apporta un jour un spécimen d'*actinia gemmacea*, qui s'était arrangée de manière à engloutir une valve ou coquille de *pecten maximus* de la grandeur d'une soucoupe ordinaire, bien que l'actinie elle-même n'eût pas naturellement plus de cinq centimètres de diamètre. La coquille divisait l'estomac en deux compartiments, la peau se trouvant tendue par-dessus comme une simple enveloppe. Mais, chose merveilleuse, dans cette occurence une nouvelle bouche pourvue de deux rangées de tentacules s'était ouverte dans la partie inférieure de l'estomac, de sorte que l'animal avait adroitement tiré profit de l'énormité par lui commise et qu'il avait organisé deux établissements d'absorption distincts, lesquels fonctionnaient sans doute simultanément depuis quelque temps quand le petit glouton fut pris.

Mais l'estomac, quelle que soit sa capacité, serait généralement un organe oisif si son propriétaire n'était pourvu des moyens de capturer sa proie. Ce viscère princier languirait dans une grandeur solitaire, comme le *messer Gaster* de la fable quand ses auxiliaires se révoltent contre lui, n'était le corps de fourrageurs dont il dispose. Nous avons vu comment les fibres ciliaires contribuent à l'avitaillement des animaux par la production de courants dans lesquels doivent être pêchées les particules nutritives. Mais les engins de guerre, surtout quand il s'agit d'une créature adhérente, c'est-à-dire rivée aux objets, sont aussi variés qu'admirablement ingénieux. Voyez un cirrhipède en campagne. Les glands de mer communs (*balani*) ouvrent leurs valves et projettent un bel appareil de membres penniformes se courbant et s'étendant comme des mains garnies de doigts nombreux feraient pour ramasser la plus grande quantité possible d'or. Si quelque infusoire errant ou quelque annélide vient à se laisser prendre dans ce vivant filet, c'est fait de lui, les poils qui se referment en s'entre-croisant rendent toute fuite impraticable. En un clin d'œil l'appareil rentre dans l'intérieur du mollusque et le captif est dévoré. Cet ingénieux mécanisme est des plus remarquables, car les fibres qui le composent doivent être douées d'une exquise sensibilité pour dénoncer au plus simple contact la présence de la proie.

Nous avons déjà parlé de l'armée de ventouses que l'étoile de mer a sous ses ordres. Ces instruments toutefois ne sont pas de purs agents de locomotion, ils jouent aussi le rôle de fournisseurs des vivres. Qu'une succulente crevette ou un jeune crabe bien tendre arrive à portée de notre astérie, son sort est bien vite décidé: les rayons de l'étoile se recourbent sur la pauvre bête ; la bouche s'ouvre pour recevoir ce mets vivant, des centaines de ventouses sortent de leurs trous pour aider à traîner

la victime dans la béante caverne de mort, et, malgré ses efforts et sa résistance, le malheureux crustacé est bientôt englouti dans l'antre digestif de
son ravisseur.

Quelque grand cependant que soit le nombre des
ventouses chez l'astérie, il y a de petites créatures
chez lesquelles il est infiniment plus grand encore.
Le *clio borealis*, un tout petit ptéropode, a l'honneur de subvenir de sa personne aux besoins de la
baleine en compagnie de certaines méduses que le
monstre consomme par millions. Eh bien! cette
infime créature, toute petite qu'elle est, a sur chacune de ses six tentacules environ trois mille taches
rouges, qui, au microscope, deviennent autant de
tubes transparents. De chacun de ces tubes peuvent
sortir une vingtaine de ventouses ou suçoirs. Si le
lecteur veut se donner la peine de faire la multiplication il verra que le clio est pourvu de trois cent
soixante mille engins pour la capture d'êtres encore plus petits que lui. On a dit avec justice que
cet appareil de préhension n'a pas son égal dans
la création. Et cependant la baleine avale d'une
seule bouchée des bataillons innombrables de ces
animaux avec leurs myriades de suçoirs et le
merveilleux mécanisme qui les fait fonctionner.

La seiche est armée de huit ou dix longs bras

effilés, dont chacun porte une ou deux rangées de singuliers suçoirs. Ces suçoirs se composent de cupules musculaires communiquant avec des cavités au moyen d'ouvertures ménagées au centre. Chaque orifice est pourvu d'un piston exactement adapté. Comme ces terribles céphalopodes se nourrissent de poissons de grande taille, il est nécessaire qu'ils puissent retenir leur proie en dépit de la robe lisse et visqueuse de celle-ci. C'est ce que les pistons leur permettent de faire en produisant un vide dans chaque suçoir au moment où il s'applique. Les longs bras flexibles s'enroulent autour de la victime avec une effrayante facilité. Le vide se fait dans les coupes avec un ensemble et une netteté à peine croyables, et la pression de l'atmosphère rive alors aux filets de son meurtrier le poisson, qui se débat en vain sans pouvoir se dégager jamais. Chez une certaine espèce de seiche (*l'onychoteuthis*) ces ventouses sont armées de crochets aigus fixés au centre ; de sorte que, quand les suçoirs touchent un animal, les crochets sont immédiatement enfoncés dans la chair, et, quelque glissante que soit la peau de la victime, la pauvre créature doit infailliblement succomber.

Non moins extraordinaires sont les fils projectiles d'un grand nombre de zoophytes, fils qu'on présume devoir leur servir d'armes offensives. Il est peu de personnes qui, ayant été passer une saison sur la côte, n'aient eu l'occasion de voir des sertulaires, c'est un *article* qui figure généralement dans les paniers de plantes marines. Quand on examine la tige branchue de cette prétendue plante et que l'on considère son aspect *végétal*, il est difficile, en effet, d'y voir autre chose qu'une algue vulgaire. Eh bien, cette soi-disant plante a fourmillé autrefois d'êtres vivants. Dans chacune des cellules qui étaient disposées de distance en distance sur sa tige habitait un petit polype extrêmement rapace. Mais comment, direz-vous, une si infime créature pouvait-elle se procurer même la plus maigre pitance ? Examinez ces tentacules à l'aide d'un microscope puissant, et ce secret vous sera expliqué. Ces organes sont couverts de verrues ou petites protubérances qui constituent l'artillerie de la bête. Dans chacune de ces verrues, en effet, est emboîtée une capsule ovoïde contenant un fil élastique d'une excessive ténuité, mais très-solide, roulé sur lui-même et pouvant être projeté avec une grande force.

« Ce fil est creux, dit M. Gosse, et lorsqu'il est projeté, la surface qui se trouvait être la surface interne devient la surface externe ; or, comme cette surface, dans beaucoup de cas (probablement même dans tous, si nous pouvions en découvrir la structure), est armée de barbes ou poils pourvus d'un subtil poison (ses effets le prouvent), la flexible javeline se trouve être une arme offensive formidable, capable de paralyser l'énergie vitale des animaux dans les tissus desquels elle entre et d'en faire une proie facile. » Qui se serait jamais attendu à trouver un petit Cronstadt, un petit Gibraltar dans un simple polypier? qui aurait jamais cru que chaque polype porté sur cette prétendue plante fût une forteresse vivante capable de lancer les plus atroces projectiles du monde?

Toutefois l'objet précis de ces dangereux filaments et le mode dont ils opèrent ont soulevé des discussions entre les naturalistes. M. Gosse a publié sur les mœurs de certaines anémones de mer des observations qui jettent une certaine lumière sur ce genre particulier d'attaque. Les habitués des côtes et les propriétaires de marais salants connaissent bien ces êtres *floriformes* et les belles couleurs qu'ils présentent lorsque leurs rameaux sont complétement étendus. L'anémone parasite s'attache généralement au dos d'un crabe, et naturellement voyage avec son coursier, quoique l'al—

lure du bonhomme crustacé ne soit pas des plus vives. L'anémone en question est de sa personne un arsenal tout entier. Lorsqu'on la touche ou qu'on l'irrite, ouvrant immédiatement le feu de toutes les verrues qui hérissent son corps ou des batteries qui défendent sa bouche et ses tentacules, elle lance de toutes parts des fils semblables à des fils de coton blanc. Ceux-ci sont dardés en ligne droite à la distance de dix à quinze centimètres, mais ils ne sont pas nécessairement détachés du corps de leur propriétaire. M. Gosse en a vu rentrer dans leurs verrues. Ils jouaient le rôle de harpons, et une fois l'effet produit, les cordes étaient tirées et enroulées de nouveau à leur place.

« Où réside, se demande notre naturaliste, cette force adhésive qu'ont sentie tous ceux qui ont manié un animal de cette espèce? Sans doute dans les myriades de fils barbelés qui garnissent chaque filament. La force avec laquelle ces javelots sont projetés, leur élasticité, leur ténuité excessive leur permettent de pénétrer dans des tissus même d'une texture dense, et de s'y maintenir au moyen de leurs poils barbelés. » M. Gosse avait dans son aquarium un beau petit labre, la vieille de mer (petite créature de cinq centimètres de long, que les savants, dans leur terrible langage, ont baptisée du nom de *crenilabrus cornubicus*). Dans le même pensionnat humide vivait une anémone parasite. Un jour, M. Cosse aperçut le pauvre poisson avec un filament fiché dans la bouche (l'innocente bête avait probablement touché par inadvertance la vivante batterie). Il paraissait en grande peine ; il allait et venait l'air en délire, puis se penchait sur le flanc et repartait bientôt comme pour nager. Le mal était fait cependant, et bien que la blessure fût à peine appréciable, le pauvre petit labre exhala son dernier souffle après une courte agonie.

Mais si l'observateur s'étonne de l'existence d'une pareille machine infernale, il faut qu'il se souvienne que, pour chacun de leurs propriétaires, ces instruments de mort sont des instruments de vie. Il ne nous appartient pas de toucher à ce terrible problème, et d'agiter la question de savoir pourquoi la loi de la destruction occupe une si large place dans les grands statuts de la nature. L'étude de cette espèce de législation est trop profonde pour l'homme. Prenant donc cette loi telle qu'elle est, et admettant comme un des grands faits de notre planète que certains animaux doivent périr pour que certains autres puissent vivre, contentons-nous d'admirer l'intarissable source de vie répandue sur notre globe, et qui fournit au plus insignifiant des zoophytes « son pain de chaque jour. »

Quelle idée se faire de cette sagesse divine, descendant en quelque sorte dans les profondeurs de l'Océan, et créant ses merveilles au milieu d'êtres destinés à vivre et à mourir dans des régions où la nuit règne et que sonde rarement l'intelligence humaine! Si les mortels avaient fait un monde, ils n'auraient jamais songé à finir les créatures des ordres inférieurs avec le même soin, le même poli que celles des ordres supérieurs. Leurs éléphants auraient été assurément d'intelligentes bêtes, leurs lions de magnifiques quadrupèdes. Leurs papillons auraient été de charmants jouets pour les enfants, et leurs chevaux de splendides montures pour les hommes. Mais leurs coléoptères auraient été pauvres, leurs araignées auraient tissé des toiles bien grossières, leurs mollusques auraient été dépourvus des moyens de se procurer leur nourriture ; les suçoirs de leurs astéries auraient été désorganisés après avoir fonctionné deux heures, et leurs polypes auraient été ou tout à fait négligés ou confiés à des mains novices, avec recommandation de les fabriquer au meilleur marché possible.

20.

Quelle différence dans la réalité ! Nulle part, le moindre symptôme de hâte, la moindre diligence, la moindre imperfection dans le travail. Ces atomes vivants, invisibles souvent à l'œil nu, ont, sous le microscope, un galbe aussi élégant que si l'animalcule devait occuper dans la création le premier rang au lieu du dernier. Le professeur Forbes a bien raison de dire que « l'habileté du grand Architecte de la nature ne se montre pas moins dans la construction d'une de ces créatures que dans l'édification d'un monde. »

Si l'on s'arrête à la simple beauté d'aspect, les eaux ne cèdent point à la terre la palme de la grâce. L'Océan a ses papillons aussi bien que l'air. Des lampyres exécutent dans ses flots les rondes dont leurs représentants terrestres égayent les forêts tropicales. De petites lampes vivantes sont suspendues dans les vagues et lancent leurs rayons argentés d'urnes vitales qui se remplissent à mesure qu'elles se vident. La transparence de quelques-uns des habitants des eaux leur donne un aspect parfaitement féerique. Le globe béroë ou béroë globuleux (*cydippe pileus*) ressemble à une petite sphère du plus pur cristal, grosse à peu près comme une muscade. Il est pourvu de deux tentacules longues, minces et recourbées, dont

chacune porte un certain nombre de filaments rou-
lés en spirale le long d'un de ses côtés. Huit
bandes traversent la surface de ce globe animé
courant d'un pôle à l'autre, comme les méridiens
sur un globe terrestre. A ces bandes sont attachées une foule de petites lames qui servent
d'aubes, car l'animal peut les faire mouvoir de
manière à se pousser à travers les eaux et à marcher soit en droite ligne, soit comme un bateau
à vapeur dans toutes les directions, ou bien encore
à pivoter sur son axe et à plonger avec infiniment
de grâce et de facilité. Mais sans nous appesantir
sur la beauté du mécanisme, n'y a-t-il pas quelque
chose de véritablement séduisant dans l'idée de
créatures cristallines ? Concevez-vous des chevaux,
des chiens, des chats diaphanes, à travers lesquels
on pourrait voir distinctement circuler le sang et
fonctionner les organes !

Chose encore plus étrange, l'amateur apprendra
que les *vers* mêmes, les vers qui habitent les côtes
ou qui vivent dans le lit de l'Océan, sont quelquefois des modèles d'élégance, qui revêtent les couleurs les plus riches. Écoutons M. Gosse :

« Les vers sont intéressants à des titres nombreux ; l'un de ces titres est le riche assemblage
de couleurs dont beaucoup d'entre eux sont parés.

Les serpules et les sabelles étalent dans leurs ra—
dieuses couronnes d'organes respiratoires non-
seulement les formes les plus exquises et le plus
admirable agencement, mais souvent brillent des
couleurs les plus éclatantes disposées en bandes
ou en points alignés. La pectinaire porte sur la tête
une paire de peignes qu'on dirait faits d'or bruni.
Les phyllides sont nuancées de teintes vertes va-
riées, quelquefois très-brillantes, rehaussées d'un
bleu métallique semblable à celui de l'acier poli.
Mais ce qui fait surtout leur gloire, ce sont les
couleurs d'arc-en-ciel que reflètent beaucoup d'individus de cette classe ; car les corps d'un grand
nombre d'eunicées et de néréides sont diaprés de
couleurs changeantes du plus beau brillant, tandis
que leurs surfaces inférieures ont les nuances plus
douces de l'opale et de la perle. L'aphrodite ou
chenille de mer, un des plus communs comme
aussi des plus gros de nos vers, est couverte d'une
épaisse fourrure de longs poils qui sont aussi res-
plendissants que le plumage de l'oiseau-mouche. »
(*Marine Zoology*, p. 84.)

Peut-être y a-t-il plus de vérité que ne le soup-
çonnaient les anciens dans le mythe qui fait naître
la déesse de la beauté de l'écume de la mer.

On a trop souvent fait du chasseur de cirrhi-

pèdes et d'annélides un personnage ridicule, digne
de la plume incisive de La Bruyère. On a toujours
été disposé à le classer à côté de l'entomologiste
que la mort d'une chenille favorite remplit de désespoir, ou de l'ornithologiste qui passe ses journées avec ses oiseaux « à verser du grain et à
nettoyer des cages, et ses nuits à rêver qu'il mue
ou qu'il couve des œufs. »

Aux yeux de certaines gens, la passion des
polypes passera pour quelque chose d'aussi grossier, d'aussi trivial que la passion des scarabées et
des hannetons. Mais quand on aura fait la connaissance des merveilleuses créatures elles-mêmes,
on se pressera moins de conclure d'une façon si
dédaigneuse. Ceux qui se sont souvent promenés
sur la plage, en soupçonnant peu les merveilles
vivantes dont elle fourmille, changeront d'avis
quand ils apprendront que la plus microscopique de
ces créatures a droit à elle seule à un gros traité
scientifique. A part les richesses qu'ils ajoutent à
la somme des connaissances humaines; les hommes
qui s'appliquent à nous faire connaître et admirer
ce prodigieux petit monde rendent, suivant nous,
à la société un immense service moral. Ce sont
des espèces de prédicateurs qui trouvent des textes
de sermons dans le sable, des matières à homélie

dans les plus humbles infusoires, dans le plus menu coquillage, dans chaque brin d'herbe de l'Océan, et grâce à eux nous pouvons dire des abîmes des mers comme de la voûte du firmament: *Enarrant gloriam Dei.*

XIII

LES FORÊTS ANTÉDILUVIENNES.

Une visite à une mine de houille n'est pas sans
utilité, pour les gens surtout qui ont quelque
idée des travaux miniers. La descente dans
une atmosphère chaude, chargées de particules flottantes de charbon, l'obscurité rendue pour ainsi
dire plus visible par la lueur des torches et des
lampes, l'encombrement des chariots, des chevaux
et des ouvriers, le bruit incessant des machines,
tout cela est pour le visiteur comme une épreuve
préparatoire.

Arrivé au fonds du puits, on le fait passer
devant d'immenses fournaises, qui brûlent nuit
et jour pour établir et entretenir le courant
d'air indispensable à la population souterraine. On
lui fait remarquer qu'à côté de lui, cet air qui
monte par la cheminée de ces fournaises est éminemment explosible, si bien qu'une étincelle suffirait pour que tout sautât. On le promène par de
larges voies d'abord et ensuite par d'étroits sentiers

dont la voûte s'est un jour affaissée ou dont le sol a été soulevé. Il voit des hommes creusant péniblement une entaille profonde dans un mur noir. Une fois éloigné des piocheurs, il entend le sinistre et monotone sifflement du gaz qui toujours filtre à travers les couches de charbon. Plus loin, on lui montre des monceaux de minerai tombés la veille de la voûte même de la galerie, et plus loin encore, des fissures d'où s'échappent avec rapidité d'énormes volumes de gaz délétère qui vicient et empoisonnent tout l'air de la mine. On lui fait suivre d'interminables tunnels noirs taillés à vif dans le minerai — véritable labyrinthe que ce chemin, tout construit qu'il est sur un admirable plan. Enfin, d'une façon ou de l'autre, il se trouve amené à la base d'un puits d'où, à sa grande satisfaction, on le hisse à la lumière du ciel. Une fois le pied hors du gouffre, il va se plonger dans un bain chaud qui l'attend et où il s'arrange de manière à débarrasser autant que possible sa personne et ses poumons des traces de son expédition souterraine.

L'impression que fait sur une personne intelligente une pareille visite n'est pas, avons-nous dit, sans quelque bon résultat. Le visiteur apprend du moins à apprécier la nature et l'étendue du dépôt;

il voit quelques-unes des particularités qui se rattachent à sa position dans la terre ; il reconnaît quelques-unes des difficultés du métier de mineur; il comprend quelques-uns des dangers dont ce métier est plein, et il s'étonne qu'on puisse trouver des hommes qui, moyennant un faible salaire, consentent à vivre de cette vie, à renoncer à la satisfaction qu'éprouve tout être humain à voir la lumière du jour et à respirer l'air frais.

Mais, en examinant le noir minerai arraché à la terre à l'aide du pic ou de la poudre, il peut lui arriver de se reporter à l'époque où cette substance a été tout d'abord formée ou déposée, et l'envie lui prend d'étudier les circonstances sous l'empire desquelles elle est devenue charbon.

Le plancher du charbon, — en d'autres termes, la terre sur laquelle on marche dans une mine de houille, — est généralement une couche d'argile bleuâtre. En l'examinant de près, cette argile est d'ordinaire sillonnée d'un inextricable réseau de petites lignes noires fibreuses s'entre-croisant dans tous les sens. Ces lignes ont été jadis les radicules chevelues des plantes qui poussaient là comme dans une terre végétale, ou qui s'infiltraient à l'état de masse compacte avant que la plante cessât d'exister. Au-dessus de soi, on a généralement du grès, et sur la voûte, au point où le grès et la houille se trouvaient en contact, on aperçoit souvent de longues et minces dépressions produites par les branches ou les troncs d'anciens arbres qui n'avaient pas été entièrement décomposés au moment où les sables avaient tout enseveli. Ainsi, sous la houille, une argile sur laquelle poussaient des plantes; au-dessus, une substance contenant d'innombrables marques d'une végétation analogue. Quelle que soit l'épaisseur du minerai dans les dépôts de houille de l'Angleterre, ces conditions du sol au-dessous et au-dessus sont singulièrement uniformes. En France, surtout dans les petits bassins houillers de l'ouest et du sud, tel n'est pas le cas; mais le charbon y diffère en général de qualité, et l'accumulation s'est faite d'une autre manière.

La première chose que révèle l'étude des bassins houillers de l'Angleterre, c'est l'uniformité de nature et d'épaisseur des couches sur des étendues de plusieurs kilomètres carrés. Dans certains pays, principalement dans l'Amérique septentrionale, du côté de l'Ohio, où les bassins houillers sont infiniment plus vastes qu'en Angleterre, cette uniformité est constante et beaucoup plus remarquable encore. Les différents lits varient sans

Forêt à l'époque de la houille (P. 367).

douté considérablement en épaisseur, mais chacun d'eux retient à peu de chose près l'épaisseur qui lui est propre, et l'on trouve de longues séries de veines superposées. Un grand nombre de celles-ci sont assez épaisses pour être exploitées et elles portent des noms distincts; d'autres n'ont juste que l'épaisseur voulue pour être constatées, elles forment un mince ruban noir courant parmi la roche. Toutes, néanmoins, sont accompagnées du plancher d'argile sillonné de racines et de la voûte de grès ou d'autres pierres aux empreintes de branches, de troncs, de feuilles, etc. C'est là une règle à peu près invariable.

Il est impossible de ne pas conclure de ces circonstances, que le charbon de terre est le résidu d'une ancienne végétation ayant existé sur le lieu ou près du lieu où on le trouve actuellement. Le charbon lui-même, tout noir et opaque qu'il semble, fournit, sous la lentille du microscope, la preuve de son origine. Quand on l'amincit au point de le réduire à l'état de lame très-ténue et qu'on l'examine à l'aide d'un instrument puissant, on aperçoit çà et là des traces de vaisseaux en spirale, semblables à ceux des fibres ligneuses, et divers autres caractères attestant une structure générale compliquée. On y a découvert des fruits, tels que des noix de formes étranges, et même des fleurs délicates. On y a trouvé aussi des insectes et autres animaux, et l'on a d'abondantes preuves que le charbon a été formé, sinon sur le sol sur lequel il repose, au moins bien près de ce même sol.

Examinons un peu ce que dit sur ce point le livre de pierre de la nature.

Parmi les débris amoncelés autour d'un puits de mine, il serait difficile de ramasser une douzaine de spécimens de cette argile bleue durcie particulière, appelée schiste ou argile schisteux, qui y est si abondante, sans trouver sur ces spécimens des empreintes de feuilles ; et, pour quiconque est familier avec les plantes, il est très-aisé de rapporter ces feuilles à quelque espèce de fougère. Pourquoi ces empreintes sont-elles invariablement des feuilles de fougère, au lieu d'être des feuilles d'arbres fruitiers, de ces arbres qu'on pourrait s'attendre à voir former au moins quelques parties du dépôt ? C'est la première question sans doute qui se présente à l'esprit des savants habitués à trouver dans la terre les restes d'un ancien monde.

Un examen plus minutieux et une visite aux musées spéciaux, où sont classés de semblables objets, montreront toutefois que les fragments de feuilles de plantes autres que des fougères sont si rares, qu'on peut, en pratique, les repousser comme éléments constitutifs de la houille.

Deux choses peuvent avoir produit ce résultat : ou il peut y avoir eu absence à peu près complète d'autres plantes, ou celles-ci, une fois ensevelies, — sous l'eau peut-être, — peuvent avoir été d'une conservation moins facile. Dans le fait, l'expérience a prouvé que les feuilles de nos arbres forestiers se décomposent bien plus rapidement que les feuilles de fougère. Les premières donc, quoique constituant des amas considérables, ont pu disparaître ou être absorbées dans la formation de la houille. Quoi qu'il en soit, l'immense quantité des fougères semble montrer que ces plantes dominaient réellement, et l'examen plus approfondi des troncs tend à la même conclusion.

Les restes des troncs d'arbres sont quelquefois très-nombreux et très-volumineux dans les grès qui avoisinent la houille. On en a aussi trouvé de beaux spécimens dans les argiles schisteuses, principalement quand celles-ci recouvrent la couche de houille, au lieu de lui servir de sol. A vrai dire, il semble, en général, que le plus grand nombre de plantes fossiles reconnaissables se présentent dans cette position, amoncelées en quelque sorte sur le sommet de la masse végétale convertie en combustible minéral.

Essayons maintenant de reconstituer une ancienne forêt, telle qu'elle a pu exister dans les parages de l'Europe nord-occidentale au temps où la houille était en préparation, et, avec les matériaux dont nous disposons, peuplons cette forêt d'êtres animés.

Il y avait certainement en abondance dans une forêt de cette espèce de très-hautes fougères, semblables à celles qu'on appelle aujourd'hui fougères arborescentes, et cela sur une étendue si considérable, que beaucoup de lieux ne devaient pas avoir autre chose. Toutefois, de même qu'à l'île de Norfolk et dans certaines autres régions des antipodes où cette végétation domine, les ceintures des forêts épaisses peuvent avoir contenu une très-grande variété d'autres arbres, et çà et là des groupes où les fougères étaient absentes. Au nombre de ces arbres se trouvaient certainement des pins de dimensions gigantesques.

Examinons d'un peu plus près les arbres qui semblent avoir été l'élément principal du charbon de terre. Il existe de nombreux fragments de larges troncs, beaucoup d'empreintes de l'écorce et de l'intérieur de la substance ligneuse et des débris pouvant faire apprécier la contexture du bois, la disposition des branches et l'attache des racines. Parfois, le microscope permet d'observer la structure du bois, mais c'est l'exception, car la pierre, en général, n'admet pas un examen minutieux de cette nature.

Il y a trois espèces de bois excessivement dissemblables entre elles qui semblent être entrées en proportion considérable dans la houille actuelle. Chacune de ces espèces peut avoir été représentée par des variétés nombreuses; mais, en somme, c'est l'habitude des végétaux qui poussent librement et en abondance d'exclure les étrangers. Il doit donc y avoir eu peu d'intrus au fond des forêts.

Nous pouvons nous faire une idée approximative de l'aspect et de la nature de ces trois espèces d'arbres forestiers. Devant nous se dressent par groupes compactes des troncs gigantesques, non point échelonnés de branches, comme les pins, mais lisses comme les colonnes d'un temple. Chaque sujet se termine par une magnifique couronne feuillue, tantôt retombant en panache, tantôt poussant vers l'air et la lumière ses ramées curieusement enlacées. Soit que leur couleur fût du vert sombre de quelques-unes de nos fougères, soit qu'elles aient eu le brillant métallique de certaines autres, elles devaient faire un splendide chapiteau à ces colonnes naturelles. Sous cette voûte de verdure, la lumière ne pouvait pénétrer que difficilement, et excepté dans les abords des clairières, il n'y avait probablement que bien peu de végétation étrangère. Le développement rapide et la non moins rapide décadence des végétaux dans une atmosphère très-humide et sous un ciel brumeux devaient accumuler en peu de temps d'immenses quantités de matières végétales dans de semblables forêts, et le bois tombé y devenait la proie des insectes. Là où le sol était marécageux et les insectes peu nombreux, les arbres ont dû s'amonceler les uns sur les autres pour former une masse compacte de matière à demi pourrie.

Il ne paraît pas que les troncs de ces arbres aient été très-solides. L'intérieur du moins se décomposait plus rapidement que l'écorce. Il n'est pas rare de rencontrer des troncs aplatis d'arbres ayant eu un mètre à un mètre trente centimètres de diamètre et douze à quinze mètres de haut. On en a trouvé de beaucoup plus gros et quelques-uns plus haut du double. A des intervalles réguliers, le tronc creux est profondément marqué de curieuses cicatrices qui sont la place où des feuilles se sont formées et ont poussé pour tomber plus tárd. Dans l'épaisseur de l'écorce était un tissu ligneux poussant, comme chez les fougères, par addition d'en haut et non de circonférence. Ainsi, la jeune fougère sort de terre, s'élance et devient arbre petit à petit, et peut même atteindre une grande hauteur, mais elle grossit peu et se couvre rarement de branches. Les arbres de cette espèce continuent à croître en hauteur tant qu'ils vivent ; une fois morts, ils se rompent rapidement par le pied.

Les racines de l'arbre singulier que nous examinons en ce moment n'étaient pas moins remarquables par le tronc. Elles s'étendent circulairement de la base dans toutes les directions comme les rais d'une roue. Chaque racine principale a ses radicules plus petites se ramifiant elles-mêmes indéfiniment et formant cette masse chevelue qui pénètre les couches d'argile bleue sur lesquelles repose la houille. Ainsi, cet arbre, au lieu de chercher sa nourriture à l'air par un appareil compliqué de branches et de vraies feuilles, la tirait de la terre d'où elle montait jusqu'à sa couronne feuillue. Racines et radicules restent souvent dans l'argile. Elles ne semblent pas avoir subi grand changement même quand le tronc et les feuilles furent convertis en houille, et elles ont perdu toute trace de leur forme et de leur contexture.

Telle paraît avoir été la condition d'un des principaux arbres de la période de la formation du charbon de terre. Combien de temps cette condition s'est-elle maintenue, quelle a été sur elle l'influence des diverses localités, pourquoi ces arbres plutôt que d'autres se rencontrent-ils si souvent accumulés en masses épaisses dans la terre? c'est ce que nous ne nous chargeons pas d'expliquer.

Une autre espèce très-différente d'arbre appelle notre attention. Ces arbres, très-élevés et ayant les proportions des pins et des sapins, présentent cependant toutes les particularités de la végétation feuillue des lycopodes. La Nouvelle-Zélande et autres climats insulaires humides ont des lycopodes hauts de plusieurs centimètres, semblables à des arbres nains. La houille présente cette mousse à l'état gigantesque d'arbre forestier. On y trouve de grands troncs hauts de six à quinze mètres, poussant des branches fourchues à la manière particulière des lycopodes ; les troncs, toutefois, sont marqués de cicatrices comme ceux des pins. La tige ressemble à celle de la fougère et croît par addition d'en haut. Les feuilles, ou les délicats filaments aigus qui en tiennent lieu, sortent de la tige (il n'y a pas de ramille). Le fruit pousse à l'extrémité des branches et ressemble exactement à un cône allongé de sapin. Les arbres de cette espèce ne sont pas rares, mais ils ne paraissent pas avoir été aussi nombreux que les premiers que nous avons essayé de décrire. Leurs débris se trouvent à peu près dans les mêmes localités.

Une troisième forme singulière de végétal se présente à nous. C'est un roseau gigantesque cylindrique, composé, comme le bambou, de nombreux nœuds creux. On ne le trouve qu'en fragments écrasés et on ne le reconnaît même souvent que par les empreintes qu'il a laissées sur la pierre. Cet arbre ne vivait peut-être que dans les sites marécageux; mais il était, dans tous les cas, extrêmement commun. On le rencontre partout où il existe trace de houille, et ses variétés de détails sont très-grandes. Des naturalistes lui ont trouvé de la ressemblance avec la plante des marais si connue sous le nom de prêle ou queue-de-cheval (*equisetum*). D'autres en ont fait une variété de plantes de structure vraiment ligneuse, la tige augmentant de volume par l'épaississement annuel du bois sous l'écorce. Il semble qu'il y ait eu des feuilles en franges à chaque nœud, et des branches à certains intervalles. On ne sait rien du fruit. Ces arbres avaient parfois dix à douze mètres de hauteur sur un diamètre de trente à quatre-vingt dix centimètres. Le tronc portait des cannelures profondes et à chaque joint se trouvait une cloison horizontale ou diaphragme traversant la tige.

De nombreuses variétés de fougères arborescentes semblables à celles qui abondent encore dans l'hémisphère méridional, de très-hauts conifères, comme le grand *araucaria* de l'île de Norfolk, plusieurs palmiers portant des fruits peu différents de la datte et une foule d'autres grands végétaux encore ont été trouvés enterrés avec les sables et les alluvions qui ont, par suite des temps, composé ce qu'on appelle aujourd'hui la formation houillère. Ces végétaux donc, avec ceux que nous avons essayé de décrire, constituaient la végétation de la partie septentrionale tempérée du globe lors de la période de la houille.

Avec ces plantes on a trouvé des débris de quelques insectes, parmi lesquels un scorpion. Il y avait aussi beaucoup de petits lézards. On sait peu de chose du surplus des habitants de la terre à cette époque éloignée. Il peut y en avoir eu beaucoup dont les restes n'ont pas été conservés, et d'autres dont les corps, soigneusement ensevelis dans le sol, n'ont pas encore été trouvés. Cette

dernière hypothèse est la plus probable, à en juger
par le nombre de fossiles nouveaux découverts
depuis quelques années.

Comment ces anciennes forêts ont-elles été
converties en un minéral constituant un excellent
combustible? Comment ont-elles été enterrées
sous une masse aussi colossale de pierre et d'argile? Comment ont-elles été séparées en compartiments et disposées par couches à angles si ouverts,
telles qu'on les trouve aujourd'hui dans les mines
de houille? Enfin, comment sont-elles arrivées à la
position accessible qu'elles ont aujourd'hui? Ce
sont là des questions de haut intérêt, auxquelles,
toutefois, il n'est pas facile de répondre sans
quelques notions générales de géologie. Exami-
nons-les donc successivement.

La différence essentielle entre le bois et la
houille consiste dans le remplacement de l'eau,
toujours présente dans le végétal frais, par des gaz
qu'on n'y trouve jamais à l'état libre. Il est presque
impossible, pour ne pas dire même tout à fait
impossible, par un séchage artificiel, de dépouiller
le bois de son humidité si complétement qu'il ne
lui en reste quelque chose qui compromette un
peu sa qualité comme combustible. Tant qu'il en
reste, en effet, il faut qu'il y ait évaporation avant

la production du degré voulu de chaleur et par conséquent déperdition de calorique. La houille, elle, ne contient pas d'eau ; elle renferme, au contraire, une certaine proportion d'hydrogène combiné à du carbone et à de l'oxygène, deux éléments qui aident plutôt à la combustion qu'ils ne la retardent, outre qu'ils servent à d'autres fins. Il y a aussi entre le bois et la houille une autre différence que révèle un examen attentif de la contexture du minéral. La condition cellulaire du bois est, dans le fait, altérée et le contenu aqueux des cellules enlevé ou décomposé avant la métamorphose en charbon de terre. Ce changement chimique n'a jamais été produit artificiellement ni avec le bois vert, ni avec le bois sec, ni avec les divers bois retrouvés enterrés ni avec la tourbe. Toutes ces substances végétales contiennent de l'eau. Elles ne renferment pas de gaz, elles ne sont pas des substances compactes et pierreuses.

La nature, semblerait-il, a besoin d'une longue période de temps et de certaines conditions de chaleur et de pression pour produire le résultat désiré. La matière ligneuse originairement accumulée a été enterrée avec de l'argile et du sable. La masse a été enfoncée dans la terre et ensuite graduellement recouverte de nouveaux dépôts jusqu'à ce qu'elle ait atteint une profondeur où la température se soit trouvée assez élevée pour opérer le changement chimique en question. Pendant des milliers et des milliers d'années, les anciennes forêts sont restées exposées à ce calorique et, à la fin, le changement s'est opéré, et la houille a remplacé le bois ; le sable est devenu grès, l'argile schiste. Combien de temps les couches sont-elles restées en place après ce changement ? A quelle époque assigner les soulèvements qui ont ramené le tout à la surface ? Mystères insondables.

Reste la question de savoir comment tant de dépôts successifs de matière végétale ont été pro- duits dans un espace si borné et seulement à une date de l'histoire du globe. En l'absence de faits pouvant apporter quelque lumière au débat, peut- être est-il plus prudent de renoncer à une solution. Il paraît hors de doute que, en certains cas, les arbres ont poussé dans l'argile où se trouvent en- core leurs racines. Il est également positif que, dans d'autres, la masse végétale a été apportée de loin et mêlée à des détritus marins. Le champ est libre aux conjectures pour expliquer non-seule- ment les dépressions répétés de la surface qui ont permis une succession de dépôts, mais encore le simple fait de l'accumulation des arbres sans qu'il y ait eu destruction.

Les dépôts de matières végétales mélangées de sable et de limon, une fois convertis en couches horizontales et parallèles de houille, de pierre et d'argile schisteuse, le soulèvement mécanique n'a pu provenir que du fait de quelque grande force agissant de bas en haut et soulevant toute la masse avec une puissance irrésistible. Mais, dans un pareil soulèvement, lent ou rapide, produit par de violentes secousses de tremblement de terre ou, ce qui est plus probable, par une espèce de tranquille pulsation qui a poussé la masse à raison de quelques centimètres ou de quelques mètres par siècle, — dans un pareil soulèvement, disons-nous, il doit y avoir eu fracture des minéraux cassants, des soulèvements partiels, des séparations de couches, des ascensions plus rapides par une extrémité que par l'autre, des poussées de certains lits et des enfoncements de certains autres accompagnés de lavages des matériaux plus légers de la surface, surtout quand le soulèvement a amené la partie supérieure des couches en contact avec les vagues de la mer. Ainsi ont été produits tous ces résultats qui paraissent tout d'abord si étranges ; et le lecteur peut accepter ceci en toute sûreté comme ex-

plication de la troisième et de la quatrième questions posées plus haut.

Nous allons maintenant étudier un autre point
relatif à ces forêts du monde antédiluvien, et rechercher, si c'est possible, comment elles ont pu
croître dans les climats où on les trouve aujour-
d'hui. Les grands bassins houillers sont distribués
sur une étendue considérable du globe, et les
restes fossiles de plantes très-proches parentes
entre elles, si toutefois elles ne sont pas identiques, occupent, à des intervalles assez rapprochés, toute la zone tempérée de l'hémisphère septentrional : elles enjambent même sur le cercle
polaire. Les mêmes arbres semblent avoir vécu
dans le pays qu'occupent aujourd'hui le continent
européen, la partie septentrionale de l'Amérique
du Nord, et même la Chine et le Japon. La même
espèce d'arbre, répandue sur une surface si vaste,
suppose partout un même climat et quelques
moyens de communication. Il n'y a pas d'autre
condition de terre à supposer qu'un immense archipel, une innombrable quantité d'îles occupant
cette superficie, mais sans continent. L'océan
Atlantique du Sud présente de nos jours quelque
chose d'analogue, et il est accompagné là d'une
dépression qui permet l'apparition très-rapide d'îles

de coraux. Un pareil archipel occupait probablement autrefois tout l'hémisphère nord.

Il est facile de supposer le climat de pareilles terres. Les îles qui bordent la Grande-Bretagne, en dépit de la grande masse du continent de l'Europe, possèdent des climats d'une égalité toujours surprenante pour les touristes qui les abordent pour la première fois. Avec une température moyenne qui n'est guère plus élevée que celle de Londres, il y a là, malgré les vents du nord et les glaces de l'Atlantique, des endroits que la neige ne visite que rarement et où l'eau gèle à peine. La végétation du midi de l'Europe s'y adapte facilement. On y voit mûrir en plein air les fruits de l'oranger et de l'arbousier, et de délicats arbustes, qui ailleurs ne vivent qu'en serre chaude, orner les jardins pendant tout l'hiver.

Un pas de plus, — un changement qui affranchirait ces îles de l'influence des vents froids de terre, — assimilerait leur climat à celui des îles de l'Australie, où les fougères sont la végétation dominante, et où ces plantes prennent des proportions gigantesques et sont accompagnées d'arbres qui ont plus d'un trait de ressemblance avec ceux de la période de la houille. Ce changement s'effectuerait si, au lieu des hautes montagnes et des terres qui vont se dirigeant vers le nord-ouest, il y avait une mer couverte seulement d'îles d'une élévation modérée.

En tant qu'il s'agit des plantes de la houille actuellement connues, il ne faut véritablement rien de plus pour leur production que cette somme de chaleur et d'humidité, et cette absence de froid vif propre aux îles des latitudes tempérées, qui n'ont pas de grands continents dans leur voisinage direct. Les conditions de l'hémisphère méridional ne sont pas éminemment favorables sous ce rapport; le nôtre est mieux partagé. En effet, les glaces continues s'étendent actuellement beaucoup plus loin du pôle dans le premier de ces hémisphères qu'elles ne le font dans le second, et les glaces flottantes du pôle antarctique atteignent les latitudes qui correspondent aux îles de la Méditerranée. Les extrêmes de chaleur uniforme n'existent certainement nulle part sur la surface actuelle de la terre, et nulle part non plus les conditions ne sont telles qu'elles suggèrent une limite quelconque de chaleur et d'humidité.

D'un autre côté, la croûte actuelle de l'hémisphère septentrional a certainement dû être submergée pendant tout le dépôt des grandes séries de roches qui recouvrent maintenant la formation houillère. Ce n'est pas là une conjecture, mais un fait que justifient les productions marines dont est chargé ce dépôt. Les changements de niveau qui ont amené la houille à notre portée ont été amplement suffisants pour soulever du fond de l'eau toute la terre de l'hémisphère septentrional.

Rien ne nous empêche donc de croire que nos anciennes forêts ont poussé sur des îles de diverses dimensions dans les lieux ou non loin des lieux où sont les dépôts actuels. Ces îles, en les supposant peu éloignées les unes des autres et reliées par des courants marins, peuvent facilement avoir eu la même végétation et possédé même des espèces parfaitement identiques. Que dans ces îles les forêts se soient renouvelées rapidement, qu'il y ait eu une prompte accumulation d'arbres et de végétation dans leurs vallées avec un nombre restreint d'animaux pour habitants, cela est probable; d'autre part, qu'elles aient été sujettes à des dépressions répétées, c'est là un phénomène dont les mers du Sud nous offrent des exemples. Il n'y a pas de raison pour ne pas admettre que, sous l'empire de telles circonstances, la chaleur et l'humidité aient été combinées de façon à expliquer une vigoureuse production de fougères et de palmiers, mêlés à des pins gigantesques et à un petit nombre

d'arbres forestiers analogues à ceux que nous pos—
sédons encore.

L'accumulation de matières végétales nécessaires à la formation d'une simple couche de
houille d'une épaisseur modérée est néanmoins si
grande, et le nombre des couches de houille d'un
seul district est si condérable, qu'on est étonné
de l'immensité du résultat. Il a fallu des siècles et
des siècles pour qu'un hectare de forêt donnât un
hectare de houille d'un mètre d'épaisseur, et le
simple entassement des matières brutes qu'ont absorbées les millions de quintaux de houille que consomme annuellement le monde civilisé passe toute
compréhension. Il est impossible de rien trouver
d'analogue dans les temps modernes.

L'intervalle qui a séparé les forêts antédiluviennes de l'époque où l'homme a commencé à
exploiter comme combustible leurs restes enfouis
dans le sein de la terre est un sujet extrêmement
curieux à étudier. Chaque phase de l'opération demande un temps si long et a été suivie d'un si long
repos (il faut se rappeler que chaque couche a dû
passer par une infinie série de métamorphoses et
de soulèvements avant d'être recouverte par
d'autres couches), que l'esprit se perd à essayer
de suivre l'histoire des diverses convulsions du

globe en rattachant les uns aux autres les anneaux brisés de ses différentes couches.

L'origine et l'histoire du combustible minéral sont une des questions géologiques sur lesquelles les données sont le plus positives et le plus satisfaisantes pour l'étude, et dont la conclusion est néanmoins le plus embarrassante par les détails qui la compliquent. Personne ne saurait douter un instant que les roches qui contiennent la houille n'abondent en indications de plantes. Quiconque a observé la houille de près est forcé d'admettre son origine végétale. La nature même de la végétation nous est, en maintes circonstances, révélée d'une manière irrécusable, mais le changement qui s'est opéré pour convertir le bois en charbon de terre n'a jamais été imité dans les laboratoires humains, et sur ce point tout est hypothèse. Les vastes amas de sable qui recouvrent la houille sont parfois traversés de plusieurs mètres par d'anciens arbres, aujourd'hui pétrifiés, qui pénètrent plusieurs couches successives. Personne cependant ne peut dire d'une manière absolue si ces accumulations de sable ont été lentes ou rapides. Dans les argiles schisteuses qui alternent avec les grès, on rencontre de nombreux et précieux dépôts de minerais de fer, dont l'origine n'est pas moins obscure que la conversion du bois en houille, mais qui, à l'époque du dépôt des couches, n'étaient certainement pas où ils sont maintenant. En effet, un grand nombre de nodules de minerai sont formés sur un petit fragment de fougère ou sur un fruit de quelque arbre comme centre. Tous ces changements semblent tendre à un seul grand résultat : l'accumulation dans un lieu de certains trésors minéraux primitivement répandus irrégulièrement sur un large espace.

Ainsi d'anciennes forêts distribuées sur des groupes d'îles dans l'hémisphère septentrional ont, çà et là, par quelque heureux accident, échappé à la décomposition naturelle et ont été enterrées avec du limon et du sable. La cause, quelle qu'elle ait été, qui tout d'abord a préservé de la décomposition le bois et la matière feuillue, a continué à agir à la surface, répétant ses effets sur chaque dépôt successif soumis à son influence, tandis que les premiers dépôts passaient à une plus grande profondeur, — peut-être par le lent affaissement de quelque vaste caverne souterraine. Les causes climatériques, principe de la plantureuse et rapide végétation, ont pendant longtemps continué d'agir, et les forêts ont crû et disparu successivement, chaque destruction étant suivie d'un amoncellement nouveau de sable et d'argile jusqu'à ce que le dernier dépôt ait fini par être situé à plusieurs milliers de mètres au-dessus du premier.

La végétation ainsi ensevelie a d'abord subi la pression de toutes les couches supérieures et ensuite celle de la masse d'eau de la mer. Puis d'autres dépôts se sont formés encore. Les climats ont changé, et avec eux les habitants du globe et même la végétation ; le *zamia* a remplacé les fougères arborescentes, pour être remplacé à son tour par les végétaux plus communs du nord de l'Europe. Pendant ce temps, les forêts enterrées se faisaient houille. La lente métamorphose se continua durant des siècles : les fibres ligneuses s'effacèrent ; le tissu cellulaire de la fibre disparut ; l'eau, ne pouvant s'échapper entièrement, se décomposa en ses éléments constitutifs, et ceux-ci formèrent de nouvelles combinaisons ; le carbure d'hydrogène, une fois formé, demeura logé dans les interstices du nouveau minéral.

De l'énorme surface occupée par les îles de l'ancien archipel, un petit nombre seulement de kilomètres carrés recouvrent de la houille. L'Amérique du Nord en possède de vastes dépôts, facilement accessibles de l'intérieur du continent. La Grande-Bretagne a de nombreux bassins houillers beaucoup plus petits, mais de qualité excellente. La Belgique, le nord de la France et l'ouest de l'Allemagne ont chacun une petite part du précieux combustible. Il s'en trouve aussi dans le midi de la France, en Espagne, en Russie, en Hongrie et sur plusieurs autres points de l'Europe. Diverses parties de l'Asie, de l'Afrique méridionale et de l'Australie, et quelques-unes des îles adjacentes, en ont également. Sous les tropiques aussi bien que sous les latitudes tempérées et les latitudes glaciales, au midi comme au nord, on a trouvé le charbon de terre associé à une végétation fossile, et cela dans des conditions remarquablement uniformes. Les arbres forestiers dont le vieux monde n'a su que faire ont été convertis à notre profit en une autre espèce de combustible. La masse de ce combustible est considérable sans doute, mais elle n'est pas inépuisable. Nos forêts modernes, convenablement aménagées, se renouvellent dans l'espace d'un siècle ; la houille, elle, ne se renouvelle pas.

FIN.

TABLE DES MATIÈRES

620. — Abbeville. — Typ. et stér. Gustave Retaux.